월간 〈수퍼레시피〉를 발간하는
레시피팩토리는 행복 레시피를
만드는 감성 공작소입니다.
레시피팩토리는 모호함으로 가득한
세상 속에서 당신의 작은 행복을 위한
간결한 레시피가 되겠습니다.

참 쉬운
우리아이 간식 베이킹

레시피팩토리

HOME BAKING

Prologue*

내 아이에게 직접
과자를 구워주고 싶은
엄마들을 위해…

따라하는 요리잡지 월간 <수퍼레시피>의 주된 독자층은
30대 초중반의 아이가 어린 엄마들이지요. 독자 초청행사나 온라인 독자 카페
(cafe.naver.com/superecipe)를 통해 만나본 이 독자님들의 가장 큰 관심사는
역시 아이들의 먹거리입니다. 특히 아이들이 시판되는 달고 짠 스낵들을
한두 번만 먹어도 그 맛에 빠져 버리는 모습을 보면, 좋은 재료 사다가 직접 만들어
주고픈 마음이 간절해진다고 합니다. 그래서 <수퍼레시피>에서는 창간호부터
지금까지 4년간 요리 왕초보 엄마들도 그대로 따라하면 성공할 수 있는
간식 베이킹 레시피를 소개해왔습니다.

베이킹은 학원 가서 뭔가 제대로 배워야만 할 수 있을 것 같다는 편견을 깨고자
마트에서 손쉽게 구할 수 있는 재료 위주로 사용했고 풍성한 과정컷을 넣어
꼼꼼히 설명했습니다. 또한 바닐라 향과 같은 인공 향료나 감미료는
쓰지 않았고 버터와 설탕도 최소로 넣었습니다. 그러면서도 맛있어야 하기에
여러 차례 테스트키친(실험조리)을 해서 맛을 보정하고 또 보정했습니다.
간혹 홈베이킹 경험이 많은 분들이나 전문가들은 맛이 좀 투박하다고도 했지만
엄마들이 내 아이들에게 먹이기 위해 만들 것이라서 조금 덜 달고, 덜 촉촉해도
이것이 맞다고 생각했습니다.

그 덕분인지 <수퍼레시피>의 홈베이킹 레시피는 젊은 엄마 독자들에게
인기가 많지요. 그래서 지난 여름 <수퍼레시피> 베스트 레시피를 모은
<나의 보물 레시피>가 출간되자 많은 엄마 독자님들께서 홈베이킹편도 묶어 출간해
달라고 요청하셨습니다. 이에 방학을 앞두고 아이 간식을 고민하실 많은 엄마들을 위해
<수퍼레시피>표 참 쉬운 아이간식 베이킹을 출간하게 되었습니다.
부디 이 한 권의 책이 엄마들에게는 내 아이에게 맛과 영양이 풍부한 간식을
만들어주는 뿌듯함을, 아이들에게는 엄마의 사랑이 가득 담긴 간식을 먹는
행복함을 선사할 수 있기를 바래봅니다.

－독자님들처럼 아이 간식이 늘 고민인 편집장, 혁이맘

Contents*

* Homemade Cookie *

바삭바삭 고소한 홈메이드 건강 쿠키

Homemade Muffin & Baked goods 02

부드럽고 담백한 홈메이드 머핀 & 구움 과자

Homemade Tarte & Pie 03

입안이 즐거워지는 홈메이드 타르트 & 파이

✱ Homemade Cake ✱

정성을 가득 담은 홈메이드 케이크

04

✱ Homemade Bread & Pizza ✱

영양 만점 엄마표 홈메이드 발효빵 & 피자

05

✳ Homemade Dessert & Snack ✳

06

건강하게 즐기는 홈메이드 디저트 & 간식

07

✳ Simple Recipes with Premix ✳

시판 제품을 활용한 홈메이드 간식

왕초보들이 꼭 읽어야하는FAQ

더 궁금한점은 www.super-recipe.co.kr 요리 Q/A 게시판에 물어보세요!

우리 집 오븐을 알아야 실패가 없어요!

홈베이킹을 시작할 때 먼저 자신의 오븐에 익숙해지는 것이 제일 좋해요.
베이킹은 레시피 대로 만들면 크게 실패하진 않지만, 우리 집 오븐에 익숙해지려면
시간이 좀 필요하답니다. 오븐은 집집마다 특성이 조금씩 다를 수 있으므로
레시피를 준수하되 구워지는 상태에 따라 탄력적으로 시간을 조절해 주는 것이
실패율을 낮추는 요령입니다.

제일 먼저 주의할 점은 오븐을 사용하기에 앞서 충분히 예열해야 한다는 것이죠.
예열은 보통 10~15분 정도 하는 것이 좋아요. 굽는 시간은 중간에 상태를
확인할 수 있도록 레시피에 나온 시간보다 조금 줄여서 맞추세요. 오븐의 칸은 가운데 칸이
제일 적당하답니다.

레시피에 따라 다르지만, 일반적으로 레시피에 "15분간 굽는다"라고 하면 우선 7분을
맞추고 시간이 되면 팬을 꺼내 상태를 확인합니다. 많이 구워졌다면(색깔이 너무 진하게
구워졌다면) 남은 시간에서 2~3분 정도 줄여 다시 맞추면 됩니다. 이때 팬을 다시
오븐에 넣을 때는 팬을 반대방향으로 돌려 넣고 굽는 것이 좋습니다. 만약 레시피에 나온
오븐의 온도와 시간으로 구웠는데 덜 구워졌다면(색깔이 너무 흐리다면) 온도를
10℃ 정도 올려 구워주세요. 두께가 얇은 쿠키 등은 2~3분 정도 더 구워주시고, 두께가
두꺼운 파운드 케이크나 구움 과자 등은 5분 이상 더 구워주세요. 단, 너무 오래 구우면
빵에 수분이 떨어져 딱딱해지고 맛이 없답니다.

간혹 윗면만 타서 실패하는 분들이 있는데, 책에 실린 완성 메뉴의 사진보다 겉면의 색이
너무 빨리, 진하게 나는 것 같다면 부풀고 난 후 온도를 좀 낮춰 주거나 팬을 꺼내
위를 종이 포일로 덮고 구워주세요. 단, 굽기 시작해 5분 정도까지는
절대 오븐 문을 열지 마세요. 부풀어 오른 것이 꺼질 수 있어요.

*이 책은 위의
오븐 사용 요령을
고려해 모든 레시피에
반영하였으므로
그대로 따라 하시면
됩니다.

Q 레시피 대로 쿠키를 만들었는데 왜 탔을까요?

A 쿠키의 아랫면이 탔거나 혹은 윗면의 색이 잘 안 났다면 본인이 사용하는 오븐에 맞게
온도나 시간을 조금씩 조절해주세요(8쪽 참조). 오븐 칸의 위치도 중요한데요,
가운데 칸에서 굽다가 색이 나면 아래 칸으로 옮겨주세요. 그리고 윗면이 탔다면
종이 포일을 덮어주고 바닥이 탄다면 오븐 팬을 한 장 더 받쳐 구워주면 됩니다.

Q 레시피 대로 했는데 반죽이 너무 질어요.

A 스콘이나 타르트의 경우 반죽이 질다면 버터가 너무 녹아서 그렇답니다.
냉장고나 냉동실에 약 20분간 넣어두세요. 버터는 온도에 아주 민감해서
여름철에는 반죽이 너무 질고, 겨울철에는 반죽이 뻑뻑해지므로 보관 상태가 중요합니다.
빵 반죽이 뻑뻑하다면 물의 분량을 조금 조절해보세요. 특히 빵 반죽은 습도와
온도에 따라 차이가 납니다. 겨울철에는 습도가 낮으므로 물을 약간 더 넣고, 습도가 높은
여름철, 장마철에는 물을 좀 덜 넣어 반죽하면 됩니다.

Q 생크림 거품이 잘 나질 않아요.

A 생크림 거품을 내는 볼에 물이나 유분기(기름기)가 묻어 있으면 거품이 잘 나질 않아요.
손으로 거품기를 써서 거품을 낼 때는 한 손으로 볼을 살짝 기울여 잡은 후 거품기를 한 방향으로
쳐서 거품을 내야 잘 난답니다. 온도가 올라가면 거품이 잘 나지 않으므로 특히 무더운 여름철에는
얼음물을 받치고 거품을 내보세요.

Q 베이킹을 할 때 가루 재료를 꼭 체에 내려야 하나요?

A 체에 내려야 공기 함유량이 높아져 케이크 등이 더 잘 부풀기 때문이랍니다.
또한 밀가루와 다른 가루 재료들도 잘 섞이고 덩어리진 것들도 풀 수 있어요.

Q 머핀, 파운드 케이크 등은 어떻게 보관해야 하나요?

A 머핀이나 파운드 케이크의 경우 식으면서 단단해지고, 하루가 지나면 더욱 촉촉하고 맛있어지죠.
식은 다음 밀봉해서 보관하면 겨울철에는 일주일간, 여름철에는 5일간 실온에서 보관이 가능합니다.
그 이상 두고 먹을 경우에는 잘 밀봉해 냉동실에 보관했다가 먹기 20분 전에 미리 실온에 꺼내 두면 됩니다.
마들렌, 휘낭시에 등의 구움 과자도 잘 밀봉해 냉동실에 보관하면 오래 두고 먹을 수 있답니다.

Q 빵을 많이 구워 오래 두고 먹는데 보관은 어떻게 하나요?

A 빵을 종이 포일에 싸서 냉동 보관하세요. 먹기 전에 실온에서 자연 해동하거나
오븐에 넣고 160~170℃로 10분간 다시 구워주세요. 가급적 빨리 드시고 2주 동안
냉동 보관이 가능합니다.

밀가루

밀가루의 종류는 글루텐 함량이 많고
적음에 따라 강력분, 중력분, 박력분이 있다.
일반적으로 발효빵을 만들 때는 강력분을,
케이크, 쿠키, 빵 등에는 중력분, 폭신하고
가벼운 느낌의 케이크나 바삭한 쿠키를 만들
때는 박력분을 사용한다.

아몬드·코코아·계핏가루

계핏가루는 케이크, 빵, 쿠키 등에 넣어
특유의 향을 낼 때 사용하며 아몬드가루는
아몬드를 분쇄한 것으로 고소한 맛을
더해준다. 코코아가루는 무가당 베이킹용
코코아가루를 쓴다.

설탕 & 슈가파우더

설탕은 백설탕, 황설탕, 흑설탕이 있는데
단순히 단맛을 내는 것 외에 반죽을 촉촉하게
한다. 달걀 거품을 단단하게 해줘 반죽을
부풀리는 역할도 한다. 설탕을 갈아 전분과
섞은 슈가파우더는 케이크 데코레이션,
아이싱 등 다용도로 쓰인다. 특히 쿠키를 만들
때 넣으면 바삭한 식감이 살아난다.

베이킹파우더 & 베이킹소다

베이킹파우더와 베이킹소다는 화학 팽창제로
쿠키나 케이크 반죽을 부풀게 한다. 과하게
사용하면 쓴맛이 나고 케이크나 쿠키가
부풀다가 푹 꺼질 수 있으므로 정량을 지키는
것이 중요하다. 베이킹파우더는 위로 부풀어
오르는 성질이 있고, 베이킹소다는 좌우로
부푸는 성질이 있다.

생이스트 & 드라이 이스트
& 인스턴트 드라이 이스트

이스트는 반죽을 부풀게 하는 미생물의
효모균으로 생이스트, 드라이 이스트,
인스턴트 드라이 이스트로 나뉜다. 빵 반죽
속에서 발효하여 알코올과 탄산가스를
발생시켜 이 가스가 팽창해 빵의 조직을
만든다. 생이스트는 수분 함량이 많아 보관이
불편하고 보존 기간이 짧고, 드라이 이스트는
반죽 전 미지근한 물에 풀어 예비 발효를
시킨다. 이때 스테인리스 제품에 닿으면
이스트가 죽기도 하므로 유리 그릇에 나무
주걱 등을 사용한다. 생이스트와 드라이
이스트의 보관성과 예비 발효 등의 단점을
보완하여 만든 인스턴트 드라이 이스트는
바로 밀가루에 넣고 사용할 수 있어 간편하다.

달걀

베이킹에 빠질 수 없는 재료로 미리 실온에
꺼내 두었다가 차갑지 않게 사용하는 게 좋다.
반죽에 넣으면 부드럽고 풍미를 좋게 하고
스콘이나 빵 위에 덧발라 주면 구웠을 때
먹음직스러워 보인다.

버터

소금이 첨가된 가염 버터와 소금이 첨가되지 않은 무염 버터가 있다. 무염 버터는 가염 버터보다 풍미가 좋고 부드럽지만 방부제가 들어 있지 않아 유통기한이 짧다.

우유 & 생크림 & 휘핑크림

우유는 반죽을 할 때 넣으면 맛의 깊이와 영양가가 높아지는데 베이킹에는 반드시 일반 우유를 사용해야 한다. 생크림은 우유에서 지방분만 분리한 것으로 보통 휘핑하여 크림을 만들거나 케이크 등에 넣어 사용한다. 휘핑크림은 유지방과 식물성 유지가 섞인 것으로 초보자도 쉽게 거품을 낼 수 있다.

크림치즈

우유에 크림을 넣어 만든 치즈로 부드럽고 약간 신맛이 난다. 주로 빵에 발라 먹거나 치즈 케이크를 만들 때 사용한다.

제과용 초콜릿

커버춰 초콜릿은 흔히 먹는 시판용 초콜릿을 만들기 전 단계의 초콜릿으로 다크, 화이트, 밀크 초콜릿이 있다. 블록 초콜릿은 잘게 다져 사용하는데, 번거롭다면 작은 코인 형태의 초콜릿을 사서 그대로 사용하면 편하다.

견과류

호두, 피칸, 땅콩. 해바라기씨, 아몬드, 피스타치오 등의 견과류는 베이킹에 다양하게 사용되며 고소한 맛이 특징이다.

건과일

건포도, 말린 무화과, 말린 크랜베리 등의 건과일을 베이킹 할 때 넣으면 맛이나 영양적으로도 보강이 되고, 씹는 맛도 있어 좋다. 너무 딱딱하면 사용 전에 따뜻한 물에 불려 사용한다.

통조림

살구, 망고, 파인애플. 복숭아, 밤 등 종류도 다양하며 케이크, 타르트, 파이 등의 장식이나 필링 재료로 사용된다. 직사광선을 피하고 서늘한 곳에 보관하고 남은 것은 밀폐 용기에 옮겨 냉장 보관하거나 가능한 빨리 사용한다.

판 젤라틴

얇은 필름 형태로 되어 무스 케이크나 푸딩. 젤리, 양갱 등을 만들 때 주로 사용한다. 판 젤라틴을 차가운 물에 불린 다음 젤라틴만 건져 더운 물에 녹여 사용한다. 판 젤라틴이 가루 젤라틴보다 투명감이 더 좋고 사용하기 편리하다.

가루 젤라틴을 사용할 경우 가루 젤라틴 양의 5배 정도의 찬물에 풀린 다음 그 물과 함께 그대로 반죽에 넣는다.

저울

계량컵 & 계량스푼

스테인리스 볼

재료의 정확한 분량을 계량하기 위해 필요한 필수 도구. 초보자일수록 재료의 양을 정확하게 재야하므로 전자저울이 일반 눈금 저울보다 사용하기 편리하다.

계량컵은 액상 재료를 계량할 때 사용하면 편리하다. 계량컵에 가루 재료를 담을 때는 바닥에 탁탁 쳐가며 평평하게 만들어 계량하고 계량스푼은 재료를 듬뿍 뜬 후 손가락으로 반듯하게 깎아 낸 다음 사용한다.

재료를 혼합하고 휘핑할 때 필요한 도구로, 주로 스테인리스 볼을 많이 사용하고 크기별로 갖춰 놓으면 편리하다. 바닥이 둥근 볼은 달걀 거품을 낼 때, 평평한 볼은 재료를 혼합하고 저장할 때 사용한다.

체

거품기 & 핸드믹서

고무 주걱 & 나무 주걱

여러 종류의 가루를 한데 섞거나 내릴 때 사용한다. 가루를 체 치면 밀가루 알갱이 사이에 공기를 넣어주는 역할을 해 재료의 혼합, 흡수성이 좋아진다. 고운 체는 슈거파우더나 코코아가루 등으로 장식할 때 사용하면 편리하다.

재료를 혼합하거나 생크림이나 달걀을 거품 낼 때, 버터나 크림치즈 등을 풀 때 사용한다. 손으로 저어야 하는 손 거품기와 전기를 이용한 핸드믹서가 있다. 간단한 반죽에는 손 거품기를 사용하고 거품을 내야하는 베이킹에는 핸드믹서가 훨씬 편리하다.

나무 주걱, 고무 주걱, 실리콘 주걱 등 종류도 다양한데 특히 고무로 되어 있는 고무 주걱(알뜰 주걱)은 볼에서 반죽을 남김 없이 긁어내거나 액체와 가루를 섞을 때 유용하다. 열에 강한 내열성 주걱인 실리콘 주걱은 재료를 저어가며 조리할 때 사용한다.

스패튤라 & 스크래퍼

제과 제빵용 붓

밀대

스패튤라는 케이크 표면을 평평하게 정리할 때나 빵 반죽 등에 필링을 고루 바를 때 사용한다. 스크래퍼는 차가운 버터를 작게 잘라 밀가루와 섞을 때 사용한다.

케이크 시트에 시럽을 바를 때, 틀에 버터를 바르거나 빵에 달걀물을 바를 때 등 사용되며 하나 정도 있으면 편리하다. 최근 실리콘 붓을 많이 사용하는데 위생적이고 편리하다.

빵, 타르트, 쿠키 등 반죽을 밀어 펴거나 모양을 만들 때 사용하는 둥근 막대 모양의 도구. 보통 목재로 된 밀대를 사용하며 굵기도 다양하다.

무스 틀

무스 케이크 등 냉장고에 넣어 굳히는 케이크를 만들 때 쓰인다. 원형, 하트, 오각, 사각 등 다양한 무스 틀이 있고 요즘은 떡을 만들 때도 사용된다.

파이·타르트 팬

파이나 타르트를 만들 때 사용하는 틀로 가장자리가 주름 모양으로 케이크 틀보다 높이가 낮은 것이 특징이다. 특히 밑판이 분리되는 틀을 사용하면 구운 후 꺼내기 편리하다.

머핀·마들렌 틀

컵 모양의 머핀 틀과 조개 모양의 마들렌 틀은 머핀과 마들렌을 만들 때 사용하는 틀이다. 보통 6구, 12구가 일반적이고 최근에는 위생적이라는 이유로 실리콘 재질의 틀도 이용된다.

쿠키 커터

모양 쿠키를 만들 때 필요한 쿠키 커터는 별, 하트, 사람, 곰돌이 등 다양한 모양이 있어 손쉽게 모양을 낼 수 있다.

종이 포일 & 유산지 컵

종이 포일은 쿠키나 케이크를 구울 때 밑부분이 달라붙고 타는 것을 방지한다. 틀에서 잘 분리하기 위해 철판이나 틀에 깐다. 머핀을 구울 때 필요한 유산지 컵도 시중에서 쉽게 구할 수 있어 머핀 틀이 없을 때 편리하게 쓰인다.

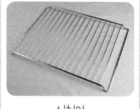

식힘망

다 구워진 케이크, 빵이나 쿠키 등을 식힐 때 사용하는 도구. 통풍이 잘 되어 열기를 빨리 식혀 주고 눅눅해지지 않고 바삭바삭하게 식힐 수 있다.

짤주머니 & 모양 깍지

다양한 모양 깍지를 짤주머니 끝에 끼우고 머랭, 생크림, 슈 반죽 등을 채워 짜면 된다. 이때 짤주머니 끝의 깍지가 반 정도만 빠져 나오도록 자른다. 짤주머니의 내용물을 밑으로 내려가게 한 다음 윗부분을 모아 쥐고 짜면 된다.

모양 케이크 틀

파운드, 시폰, 구겔호프, 카스텔라 등 반죽을 틀 안에 부어 굽거나 모양이 있는 다양한 케이크를 만들 때 사용하는 틀. 사각 틀과 원형 틀은 일반적으로 가장 많이 사용하는 기본 틀로 가정에서는 보통 2호(지름 18cm) 틀을 많이 사용한다. 지름에 따라 1호(15cm), 2호(18cm), 3호(21cm), 4호(24cm)로 구분된다.

오븐

베이킹의 필수도구로 가스 오븐, 전기 오븐, 미니 오븐, 오븐 토스터 등 종류도 다양하다. 오븐마다 열의 세기가 조금씩 다르므로 레시피의 온도와 시간을 기준으로 적절히 조절해야 된다. 열이 남아 있는 동안 젖은 행주로 닦아내고 가능한 세제는 사용하지 않도록 한다.

*왕초보, 이것만은 기억하세요! *

이 책에 자주 등장하는 베이킹 용어 & 재료·도구 구입처

거품을 올린다

달걀노른자나 흰자, 생크림을
거품기로 저으면서 공기를
넣어주는 작업. 볼은 물기나
유분기(기름기)가 없는 깨끗한
볼이어야 한다. 달걀은 실온에
둔 것을 쓰고, 반대로 생크림은
차가워야 거품이 잘 나니
냉장고에서 꺼내 바로 쓴다.

머랭을 올린다

달걀흰자에 설탕을 넣고 거품을 낸
것을 '머랭'이라고 한다. 거품기를
들어보아 주르륵 흐르지 않고 끝이
살짝 휘어지며 뾰족하게 뿔이 서는
상태(갈고리 모양)까지 거품을 내면
된다. 23쪽 ③번 과정 사진 참조.

중탕한다

초콜릿이나 버터를 녹이는 경우
아래쪽에는 뜨거운 물이 담긴 큰
볼이나 냄비를 놓고 그 위에 작은
볼을 올려 간접적으로 온도를
높여주는 작업이다.

가루류를 체에 내린다

가루 재료를 체에 내릴 땐 체를
20~30cm 높이에서 든 상태에서
내린다. 가루가 날리지 않을
큰 볼을 사용하면 편리하다.

자르듯 섞는다

쿠키나 머핀 등을 만들 때 고무
주걱으로 자르듯 몇 번 섞은 후
전체적으로 가볍게 섞는 작업.
이는 글루텐 형성을 최소화시키고
버터와 달걀을 섞어 만든 거품을
꺼지지 않게 하기 위한 작업이다.

덧밀가루를 뿌린다

레시피 분량 외의 밀가루를
'덧밀가루'라고 한다. 반죽이
버터를 바른 틀에 잘 떨어지게
뿌리거나 쿠키나 빵 반죽을
할 때 손에 잘 들러붙지 않도록
덧밀가루를 사용한다.

휴지시킨다

골고루 섞인 재료를 냉장고나
실온 상태에 놓아 반죽 안의
재료가 서로 잘 어우러지도록
하는 작업으로 글루텐을 안정시켜
작업하기 쉽게 된다.

✱ 홈베이킹 재료 및 도구 구입처 ✱

① 홈플러스, 롯데마트, 이마트 등 대형마트의
홈베이킹 코너 : 간단한 베이킹 재료가 필요할때는
가까운 마트를 이용하는 것도 좋다.

② 방산시장 : 베이킹에 필요한 도구와 각종 향신료, 포장 및
파티재료에 이르기까지 다양한 상품이 판매되는 곳으로
골목 사이사이에 다양한 점포들이 밀집되어 있어 가격과
제품을 비교해 가여 구입할 수 있다.

③ 리치몬드 상가 : 강남 대치동에 있는 베이킹 용품
전문 상가로 다양한 베이킹 도구가 판매되여
발품을 팔필요없이 원스톱 쇼핑이 가능하다.

④ 인터넷사이트
브레드가든(www.breadgarden.co.kr)
비한스(www.bhans.co.kr)
베이킹카페(www.bakingcafe.com)
이홈베이킹(www.ehomebaking.com) 등

1차 발효시킨다.

이스트의 활동을 활발하게 하기
위함으로 반죽을 치댄 후 둥글려
원형으로 만들어 랩이나 젖은
면보를 씌워 1시간 발효를 시킨다.
랩을 씌울 경우 이쑤시개로
5~6군데 구멍을 낸다. 발효 시간은
부푼 상태를 보고 체크한다.

필링을 채운다

'필링(Filling)'은 우리말의 '소'로
베이킹에서는 케이크나 파이,
빵 등을 만들 때 '속을 채운다'는
뜻이다.

아이싱한다

슈가파우더나 향료를 물, 우유 또는
달걀흰자에 녹여 쿠키, 머핀 등의
구운 과자 위에 장식을 하는 것을
말한다.

케이크 시트에 시럽을 바른다

촉촉한 케이크 시트의 식감을 위해
시럽을 바르는데 바를 땐 붓으로
윗부분만 바르는 게 아니라 붓으로
눌러가며 적셔주듯이 발라야
케이크가 부서지지 않는다.

오븐을 예열한다

베이킹을 할 때 적정한 온도가
될 때까지 오븐을 미리
작동시켜놓는 것을 말한다. 적정
온도가 아닐 때 굽게 되면 반죽이
퍼져버리거나 속은 익지 않은
상태로 구워진다. 오븐의 종류에
따라 예열 시간이 다르므로 반드시
오븐의 특성을 알아두자.

식힘망에 식힌다

오븐에 구운 후 반드시 식힘망에
얹어 식혀주는데 틀을 사용해 굽는
경우 반드시 틀에서 뺀 다음
식힘망에 얹어 식혀야 한다.

버터를 실온에 미리 둔다

베이킹(스콘, 타르트, 파이 반죽
제외) 시작 30분~1시간 전에 모든
재료를 실온에 꺼내 찬기를 없애야
한다. 버터는 부드러운 상태여야
쉽게 풀어지고 즉시 사용하려면
전자레인지(700W)에 20초(버터
양에 따라) 정도 돌려 사용한다.
단, 물처럼 너무 녹으면 안된다.

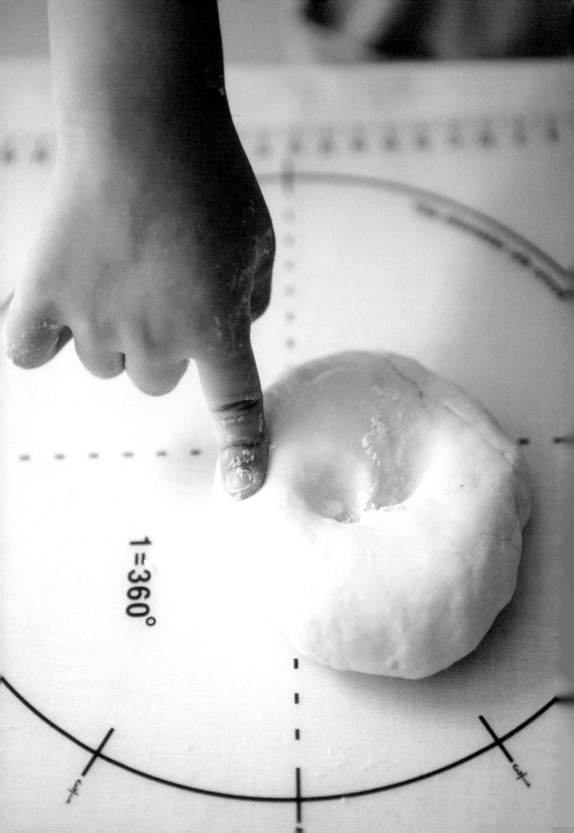

Homemade Cookie

바삭바삭 고소한 홈메이드 건강 쿠키

간단한 재료와 도구로 쉽게 만들 수 있는 쿠키는 아이들 간식으로 그만입니다.
호두, 아몬드 등 견과류를 듬뿍 넣은 담백한 쿠키부터
달콤한 초콜릿 칩 쿠키까지 종류도 다양한데요, 왕초보 베이커도 자신감을 갖고
도전할 수 있는 쿠키 레시피를 소개합니다.

두유 시나몬 쿠키

몸에좋은 두유와 아몬드가 들어가 고소하고 담백한 쿠키입니다. 쌀가루로 만들어 더욱 촉촉하지요. 부드러운 식감이 좋은 쌀가루 베이킹으로 우리 아이에게맛도 좋고 몸에도 좋은 웰빙 쿠키를 만들어주세요.

1
실온에 둔 부드러운
버터에 설탕 1/2컵을 넣고
거품기를 이용해 크림
상태가 될 때까지 섞는다.
오븐을 180℃(미니 오븐은
160~170℃)로 예열한다.

2
볼에 달걀과 두유를 넣고
고루 섞는다.

3
멥쌀가루, 콩가루,
계핏가루, 베이킹소다를
함께 체에 내린다.

4
①에 ②를 조금씩 넣고
분리되지 않도록 잘 섞다가
③의 체 친 가루 재료들을
넣어 반죽한다.

반죽을 종이 포일로 싸는
이유는 모양을 유지하기
위해서다. 종이 포일이
없다면 랩으로
대체해도 된다.

5
반죽을 사방 4cm 단면의
긴 막대 모양으로 만든다.
종이 포일이나 랩으로 감싼
후 냉장고에서 1시간 정도
굳힌다.

6
⑤의 겉면에 나머지 설탕
1/2컵을 골고루 묻힌 후 0.8cm
폭으로 썬다. 반죽 가운데에
통아몬드를 하나씩 올린 후
180℃로 예열된 오븐의
가운데 칸에 넣고 12분간
(미니 오븐은 160~170℃에서
10~12분간) 굽는다.

재료[12개분]

· 멥쌀가루 1컵
· 콩가루 1큰술
· 계핏가루 1/2작은술
· 베이킹소다 1/2작은술
· 실온에 둔 부드러운 버터
  1/2컵
· 설탕 1컵
· 달걀 1/2개
· 시판용 두유 1큰술
· 통아몬드 12개

＊baking tip ＊

1. 쌀가루 베이킹, 밀가루와 다른 점
＊ 쌀가루로 반죽할 때는 밀가루보다
물이 더 많이 필요하다.
이를 보완하기 위해서 유지류 또는
두유 등을 조금 더 넣으면 좋다.
＊ 밀가루 쿠키가 바삭한 맛이
있다면 쌀가루로 만든 쿠키는
조금 더 촉촉하고 부드러운 맛이다.

2. 제과용 박력쌀가루 이용하기
쌀가루 베이킹을 할 때 시판용
멥쌀가루로도 가능하지만 제과용
박력쌀가루를 이용하면
더욱 바삭한 맛을 즐길 수 있다.
＊ 박력쌀가루 구입처
대두식품 www.idaedoo.co.kr
브레드가든 www.breadgarden.co.kr

호두 튀일

튀일(Tuile)은 불어로 기와라는 뜻으로 프랑스 전병이라고 할 수 있어요. 다진 호두, 설탕, 밀가루, 달걀 흰자만 넣고 골고루 섞어 반죽을 만드는데요, 동그랗고 얇게 반죽을 펴주는 것이 손은 좀 가지만 정성이 듬뿍 들어간 만큼 맛도 확실히 좋아요. 아이스크림을 곁들이면 아이들이 더욱 좋아한답니다.

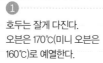

1 호두는 잘게 다진다.
오븐은 170℃(미니 오븐은
160℃)로 예열한다.

2 볼에 모든 재료를 넣고 달걀
흰자의 멍울이 잘 풀릴 수
있도록 골고루 섞는다.

3 오븐 팬에 종이 포일을
깔고 ②를 1/2큰술씩 떠서
0.2cm 두께가 되도록
얇게 편다. 170℃로 예열된
오븐의 가운데 칸에 넣고
6~8분간(미니 오븐은
160℃에서 7~8분간) 굽는다.

오븐에서 꺼내 바로
밀대에 말지 않으면 금새
굳어 모양을 낼 수 없으니
뜨거워도 오븐에서
꺼내자마자 모양을
잡아준다.

4 ③이 뜨거울 때 오븐
팬과 구운 튀일 사이를
스크래퍼(또는 뒤집개나
스패튤라)로 살살 긁어서
떼어낸다.

5 ④를 오븐 팬에서 꺼낸
후 뜨거울 때 밀대로 돌돌
말아 모양을 잡은 후 살짝
떼어낸다.

재료[지름 5cm, 20개분]

· 호두 60g(약 1컵)
· 설탕 50g
· 박력분 10g(약 1큰술)
· 달걀흰자 1개분

아몬드 머랭 쿠키

밀가루를 전혀 넣지 않고 달걀흰자와 설탕만을 섞어 만든 쿠키랍니다. 여기에 섬유질이 많고
불포화지방산이 풍부한 아몬드를 넣어 씹는 맛과 영양을 더욱 강화했지요. 아몬드 대신 호두를
넣어도 잘 어울립니다.

머랭(Meringue)이란?
달걀흰자에 설탕과 아몬드, 코코
넛 등을 넣어 거품을 낸 뒤에 낮은
온도의 오븐에서 구워 바삭거리도록
만든 것. 흰자에 노른자가 조금이라도
섞이거나 볼에 유분기(기름기)가 있
어도 거품이 잘 생기지 않으니
주의해야 한다.

☙ [준비하기]

1. 아몬드는 굵게 다진다.
2. 설탕은 분쇄기 (커터기)에 곱게 간다.

 달걀흰자는 거품기로 20분(또는 핸드믹서로 5분) 동안 저어 큰 기포가 보일 정도로 거품을 낸 다음 설탕의 1/3분량을 넣고 계속 젓는다.

 큰 거품이 거의 없어지고 매끈한 상태로 거품이 올라 윤기가 나기 시작하면 설탕의 1/3분량을 또 넣고 계속 젓는다.

③ 거품이 단단해지면 나머지 설탕을 넣고 젓는다. 거품기로 떠보았을 때 사진처럼 뿔이 서는 상태로 거품을 낸다. 볼을 뒤집었을 때 흘러내리지 않으면 된다.

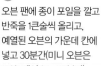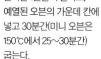

④ 오븐을 140~150℃(미니 오븐은 150℃)로 예열한다. ③에 다진 아몬드를 넣고 거품이 꺼지지 않도록 주걱으로 살살 섞는다.

⑤ 오븐 팬에 종이 포일을 깔고 반죽을 1큰술씩 올리고, 예열된 오븐의 가운데 칸에 넣고 30분간(미니 오븐은 150℃에서 25~30분간) 굽는다.

재료[10~12개분]

· 통아몬드 80g
  (약 1과 1/2컵)
· 달걀흰자 25g(약 1개분)
· 설탕 50g

baking tip

설탕 넣는 시점을 잘 맞추지 않으면 거품이 100% 오르지 않을 수 있다. 어랭은 낮은 온도(140~150℃)에서 굽지 않으면 속이 익지 않은 상태에서 탈 수 있으니 주의할 것.

곶감 호두 쿠키

밀가루와 설탕의 양은 줄이고 말린 과일과 견과류를 듬뿍 넣은 건강 쿠키예요.
곶감의 달콤함과 쫀득함, 호두의 고소함이 부드럽게 어우러져 색다른 맛을 즐길 수 있는
한국식 쿠키랍니다.

1 박력분과 베이킹파우더를 함께 체에 내린다. 곶감과 호두는 사방 1.5cm 크기로 썬다. 오븐은 170℃(미니 오븐은 160~170℃)로 예열한다.

2 볼에 포도씨유, 설탕, 소금, 두유를 넣는다.

3 ②를 거품기로 힘있게 저어 잘 섞는다.

4 ③에 체 친 박력분과 베이킹파우더를 넣고 주걱으로 잘 섞은 후 곶감과 호두를 넣고 다시 잘 섞는다.

> 공기가 들어가 유분과 수분이 잘 섞이게 하기 위한 유화 과정으로, 한층 부드러운 쿠키의 맛을 느낄 수 있게 해준다.

 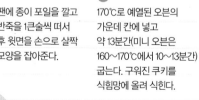

재료 [17~18개분]

· 박력분 100g
· 베이킹파우더 2g
· 곶감 3개(100g)
· 호두 30g
· 포도씨유 50g
· 설탕 20g
· 소금 1g
· 시판용 두유 24g

5 오븐 팬에 종이 포일을 깔고 ④의 반죽을 1큰술씩 떠서 올린 후 윗면을 손으로 살짝 눌러 모양을 잡아준다.

> 팬이 작아 한 번에 모두 못 구우면 2번에 나눠 굽는다. 두 번째 구울 반죽은 냉장 보관했다가 구워야 처음 구운 쿠키 같은 식감이 난다.

6 170℃로 예열된 오븐의 가운데 칸에 넣고 약 13분간(미니 오븐은 160~170℃에서 10~13분간) 굽는다. 구워진 쿠키를 식힘망에 올려 식힌다.

아마레띠 & 바치디다마

이탈리아의 대표 쿠키인 '아마레띠(Amaretti)'와 '바치디다마(Baci di dama)'는 아몬드가루가
들어가 고소한 맛이 특징이죠. 아마레띠는 겉은 거칠어 보이지만 부드럽고 달콤한 맛이
숨겨져 있고, 레몬의 상큼한 향과 초콜릿의 달콤한 맛이 조화를 이룬 눈사람 모양의 바치디다마는
오동통한 쿠키 샌드예요.

아마레띠

바치디다마

아마레띠

❶
아몬드가루와 설탕(75g)을
체에 내려 골고루 섞는다.
오븐은 170℃(미니 오븐도
동일)로 예열한다.

❷
달걀흰자는 거품기로
빠르게 저어 큰 기포가
보이는 거품을 만든다.
나머지 설탕의 1/2분량
(30g)을 넣으면서 거품기로
계속 젓는다.

❸
거품의 기포가 작아지고
단단해지기 시작하면
나머지 설탕을 모두 넣는다.
거품을 떠 보았을 때
뿔이 서는 상태가 될 때까지
거품기로 젓는다.

❹
③의 머랭에 ①의 가루
재료들을 넣는다. 거품이
꺼지지 않도록 조심스럽게
주걱으로 가볍게 섞는다.

❺
접시에 슈가파우더를
넓게 편다. 그 위에 ④의
반죽을 지름 3cm 크기의
원 모양이 되도록 떠서 올린
후 슈가파우더에서 살살
굴린다.

❻
⑤의 반죽을 오븐 팬 위에
올린다. 170℃로 예열된
오븐의 가운데 칸에 넣고
노릇해질 때까지
10~15분간(미니 오븐은
170℃에서 6분간 굽고
팬을 꺼내 반대방향으로
돌려 넣고 6분간) 굽는다.

⭐
재료 [20개분]

· 아몬드가루 125g
· 설탕 135g
· 달걀흰자 100g
· 슈가파우더 1컵

① 아몬드가루와 설탕, 달걀, 버터, 레몬 제스트를 볼에 넣고 거품기로 빠르게 저어 골고루 섞는다. 오븐을 170℃(미니 오븐은 160~170℃)로 예열한다.

② ①의 반죽에 박력분을 3번 나누어 넣어가며 주걱으로 골고루 섞는다. 반죽을 조금씩 떼어 2.5cm 지름의 원 모양으로 빚은 다음 오븐 팬에 올린다.

③ 예열된 오븐의 가운데 칸에 넣고 약 7분간(미니 오븐은 160℃에서 약 7분간) 굽는다. 쿠키가 타지 않도록 팬을 꺼내 팬을 반대방향으로 돌려 넣고 (약 5분~8분간, 미니 오븐도 동일)굽는다. 구운 쿠키는 식힘망에 올려 충분히 식힌다.

④ 냄비에 물을 붓고 팔팔 끓인다. 끓으면 불을 최대한 줄이고 냄비에 스테인리스 볼을 올린 다음 잘게 다진 초콜릿과 버터를 넣는다. 실리콘 주걱을 이용해 저어가며 녹인다. 이때 물이 볼 바닥에 닿지 않도록 물의 양을 조절한다.

레몬제스트 트란 레몬의 노란 껍질만 얇게 벗겨 곱게 다진 것.(레몬 껍질만 강판에 갈아도 된다) 레몬의 흰 속껍질이 들어가면 쓴맛이 나니 주의한다.

재료[약 15개분]

- 박력분 80g
- 아몬드가루 85g
- 설탕 30g
- 달걀(부드럽게 푼 것) 1/2개분
- 실온에 둔 부드러운 버터 60g
- 레몬 제스트 (레몬 2/3개분)

초콜릿크림
- 다크 커버춰 초콜릿 (잘게 다진 것) 60g
- 버터 18g
- 생크림 15g

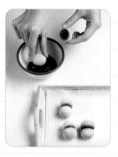

⑤ 냄비에서 볼을 내린 다음 미지근하게 식힌 뒤 생크림을 넣고 골고루 섞는다.

⑥ 쿠키 한쪽 면에 ⑤의 초콜릿크림을 바르고 다른 쿠키로 덮은 다음 냉장고에서 30분간 굳힌다.

땅콩 쿠키 & 요구르트 쿠키

아이들이 좋아하는 땅콩과 요구르트를 듬뿍 넣어 만든 쿠키랍니다. 이 두가지 땅콩 쿠키와
요구르트 쿠키는 특별한 도구와 재료 없이 쉽게 만들 수 있어 왕초보 베이커도 쉽게 도전할 수 있어요.

땅콩 쿠키

요구르트 쿠키

① 박력분은 체에 치고 땅콩은 키친타월에 올려 잘게 다진다. 차가운 버터는 작은 조각으로 썰고, 오븐 팬에 종이 포일을 깐다.

② 볼에 박력분과 버터, 설탕을 넣고 손가락으로 버터를 으깨가면서 반죽한다.

③ ②에 다진 땅콩과 땅콩버터, 달걀물을 넣고 주걱으로 골고루 섞어 반죽을 만든다.

④ ③의 반죽을 손으로 한 번 더 골고루 반죽한다.

반죽을 종이 포일로 싸는 이유는 모양을 유지하기 위해서다. 종이 포일이 없다면 랩으로 대체해도 된다.

⑤ ④의 반죽을 지름 7~8cm 크기의 원통 모양으로 만든다. 종이 포일(또는 랩)을 15×15cm 크기로 자른 후 반죽을 올려 잘 싼 다음 냉동고에서 약 30분간 휴지시킨다.

⑥ 반죽을 꺼내 1cm 폭으로 썰어 12등분한 다음 반죽을 각각 둥글게 빚은 후 손바닥으로 눌러 납작하게 만든다. 오븐은 160~170℃(미니 오븐은 170℃)로 예열한다. 오븐 팬에 반죽을 올려 반죽끼리 붙지 않게 넉넉히 간격을 두고 올린다. 예열된 오븐의 가운데 칸에 넣고 12~13분간(미니 오븐은 170℃에서 12~13분간) 구운 후 식힘망 위에 올려 식힌다.

재료[지름 7~8cm, 12개분]

· 박력분 100g
· 땅콩 30g
· 냉장고에 둔 차가운 버터 50g
· 설탕 50g
· 땅콩버터 30g
· 달걀물 15g

① 박력분은 체에 치고 차가운 버터는 작은 조각으로 썬다. 오븐 팬에 종이 포일을 깐다.

② 볼에 ①의 박력분과 버터, 설탕을 넣고 손가락으로 버터를 으깨가면서 반죽한다.

③ ②에 떠먹는 플레인 요구르트와 건크랜베리를 넣고 주걱으로 골고루 섞으면서 반죽한다.

④ 도마에 덧밀가루를 뿌린 후 ③의 반죽을 놓고 손으로 살짝 반죽한 다음 뭉친다. 볼에 담고 랩을 씌워 냉장고에서 20분간 굳힌다.

> 반죽을 종이 포일로 싸는 이유는 모양을 유지하기 위해서다. 종이 포일이 없다면 랩으로 대체해도 된다.

⑤ ④의 반죽을 냉장고에서 꺼내 지름 7~8cm 크기의 원통 모양으로 만든 다음 살살 눌러 직육면체를 만든다. 종이 포일(또는 랩)을 15×15cm 크기로 자른 후 반죽을 올려 잘 싼 다음 냉동고에서 약 30분간 휴지시킨다. 오븐은 170℃(미니 오븐은 160~170℃)로 예열한다.

⑥ 반죽을 꺼내 1cm 폭으로 썬 다음 오븐 팬 위에 반죽끼리 서로 붙지 않게 간격을 넉넉히 두고 올린다. 170℃로 예열된 오븐의 가운데 칸에 넣고 7분간(미니 오븐은 160~170℃에서 6~7분간) 구운 다음 팬을 꺼내 반대 방향으로 돌려 5~6분간 (미니 오븐도 동일) 더 굽는다. 식힘망 위에 올려 식힌다.

재료[지름 7~8cm, 12개분]

· 박력분 100g
· 냉장고에 둔 차가운 버터 50g
· 설탕 50g
· 떠먹는 플레인 요구르트 40g
· 건크랜베리(또는 건포도) 30g
· 덧밀가루(박력분) 3큰술

3종 모둠 쿠키

오트밀, 호두, 초콜릿칩 등 여러 종류로 만들어 다양하게 즐길 수 있는 3종 모둠 쿠키를 소개합니다.
상큼한 크랜베리가 들어간 오트밀 쿠키는 칼로리가 낮고 식이섬유도 풍부한 영양 쿠키이고,
달콤한 맛의 초콜릿칩 쿠키와 담백한 호두 쿠키는 촉촉하면서 부드러운 질감이 아주 좋아요.

초콜릿칩 쿠키

크랜베리 오트밀 쿠키

thank you

hand made

호두 쿠키

크랜베리 오트밀 쿠키

① 박력분, 베이킹파우더, 베이킹소다, 소금을 함께 체에 내린다. 볼에 달걀을 잘 풀어둔다. 오븐을 180℃(미니 오븐 170℃)로 예열한다.

② 다른 볼에 실온에 둔 부드러운 버터와 설탕, 황설탕을 넣는다. 거품기를 이용해 설탕이 반 이상 녹을 때까지 잘 섞어 크림 상태를 만든다.

핸드믹서를 이용할 경우 3분간 섞는다.

달걀물을 한꺼번에 넣으면 분리되기 쉬우니 여러 번에 나눠 넣으며 잘 섞는다.

③ ②의 볼에 ①의 달걀물을 3번에 나눠 넣으면서 잘 섞는다.

재료[약 20~22개분]

- 박력분 90g
- 베이킹파우더 2g
- 베이킹소다 1g
- 소금 1g
- 실온에 둔 달걀 30g
- 실온에 둔 부드러운 버터 90g
- 설탕 50g
- 황설탕 40g
- 오트밀 130g
- 건크랜베리(물에 반나절 정도 불린 것) 50g

④ ③의 볼에 ①의 체 친 가루 재료들과 오트밀을 넣고 주걱으로 자르듯이 섞은 다음 건크랜베리를 넣고 잘 섞는다.

⑤ 반죽을 소복하게 1큰술씩 떠서 오븐 팬에 올린 다음 손으로 윗면을 살짝 누른다. 180℃로 예열된 오븐의 위 칸에 넣고 12분간(미니 오븐은 170℃에서 13분간) 굽는다. 남은 반죽도 같은 방법으로 굽는다.

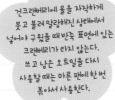

건크랜베리에 물을 자작하게 붓고 불려 말랑해진 상태에서 넣어야 구웠을 때 반죽 표면에 있는 크랜베리가 타지 않는다. 쓰고 남은 오트밀을 다시 사용할 때는 마른 팬에 한 번 볶아서 사용한다.

쵸콜릿칩 쿠키 & 호두 쿠키

호두　　초콜릿 칩

핸드믹서를
이용할 경우
3분간 섞는다.

① 박력분, 베이킹소다.
소금을 함께 체에 내린다.
볼에 달걀을 잘 풀어둔다.
오븐을 180℃(미니 오븐은
170℃)로 예열한다.

② 호두는 초콜릿 칩과 같은
크기로 굵게 다진다.

③ 볼에 실온에 둔 부드러운
버터와 설탕, 흑설탕을
넣고 거품기를 이용해 잘
섞어 크림 상태를 만든다.

④ ③의 볼에 ①의 달걀물을
3번에 나눠 넣으면서
분리되지 않게 잘 섞는다.

설탕은 쿠키반죽을 촉촉하게
만들어주고 바삭함을
유지시켜주는데 흑설탕을 함께
넣으면 쿠키의 식감과
진한 풍미가 더욱
살아난다.

반죽에 베이킹소다가
들어 있어 쿠키가 구워지면서
옆으로 많이 퍼지니
오븐 팬에 반죽을 올릴 때
5cm 정도 간격을 둔다.

재료[각각 약 10~12개분]

- 박력분 220g
- 베이킹소다 3g
- 소금 3g
- 실온에 둔 달걀 90g
- 실온에 둔 부드러운 버터
  150g
- 설탕 110g
- 흑설탕 100g
- 초콜릿 칩 60g
- 호두 60g

⑤ ④의 볼에 ①의 체 친
가루 재료들을 넣고 주걱으로
자르듯이 섞는다.
반죽의 양을 반으로 나누어
각각 초콜릿 칩과 다진
호두를 넣고 잘 섞는다.

⑥ 각각의 반죽을 소복하게
1큰술씩 떠서 오븐 팬에
올린다. 170~180℃로
예열된 오븐의 위 칸에 넣고
12분간(미니 오븐은 170℃에서
10분간) 굽는다.

진저브레드맨

서양에서 크리스마스 때 즐겨 먹는 진저브레드맨(Gingerbread man)은 생강, 계피,
넛맥(Nutmeg) 가루 등을 넣어 만든 딱딱한 쿠키입니다. 아이들이 잘 먹을 수 있도록 향신료는
줄이고, 버터 양을 늘려 보다 부드러운 진저브레드맨을 만들어보세요.

재료 [15~16개분]

- 박력분 175g
- 계핏가루 1작은술
- 베이킹소다 1/2작은술
- 실온에 둔 부드러운 버터
  70g
- 설탕 50g
- 흑설탕 25g
- 소금 1/8작은술
- 꿀 1큰술
- 달걀노른자 1개분
- 실온에 둔 우유 1큰술

장식도구
- 초콜릿 펜

1

오븐은 180℃(미니 오븐 170℃)로 예열한다. 박력분, 계핏가루, 베이킹소다를 함께 체에 내린다. 큰 볼에 핸드믹서로 실온에 둔 부드러운 버터를 마요네즈 정도의 질감으로 풀어준다.

2

①의 버터에 설탕, 흑설탕, 소금을 2번에 나누어 넣고 핸드믹서로 설탕과 버터가 섞일 정도만 가볍게 섞는다.

③
②의 볼에 꿀과 달걀노른자를
넣고 핸드믹서로 섞는다.

꿀

④
③의 볼에 ①의 체 친 가루
재료들을 넣고 주걱으로
자르듯이 골고루 섞는다.
우유를 넣고 다시 주걱으로
자르듯이 섞어 한 덩어리로
만든다.

⑤
반죽을 위생팩에 넣고
납작하게 눌러 냉장실에서
1시간(냉동실 30분) 정도
휴지시킨다. 위생팩째로
반죽을 0.5cm 두께가 되도록
밀대로 민다.

반죽이 많이 울러진
상태라면
냉장고에넣었다가
사용한다.

⑥
쿠키 커터로 반죽을
찍어낸다. 남은 반죽은
뭉쳐서 민 후 다시 사용한다.
종이 포일을 깐 오븐 팬에
쿠키 반죽을 올려 180℃로
예열된 오븐의 가운데 칸에
넣고 10분간(미니 오븐
170℃에서 10분간) 굽는다.

⑦
쿠키가 완전히 식을 동안
장식용 초콜릿 펜은 50℃
이하의 따뜻한 물에 담가
녹인다. 초콜릿 펜을 이용해
쿠키에 원하는 모양으로
장식한 후 10분 정도 굳힌다.

02

Homemade Muffin & Baked goods

부드럽고 담백한 홈메이드 머핀 & 구움 과자

폭신폭신 부드러운 머핀과 스콘, 브라우니는 속 재료를 다양하게 넣어
만들 수 있어 홈베이킹 메뉴로 인기가 많습니다.
아이들의 건강을 생각해 무화과, 블루베리, 피스타치오 등 건과일과 견과류를 듬뿍 넣어
색다르게 즐길 수 있는 속이 알찬 레시피만 오았습니다.

당근 머핀

당근 머핀은 만들기도 쉽고 의외로 아주 맛있어서 아이들 간식으로 제격인 머핀이지요. 특히 당근
에서 나온 수분 덕분에 무척 촉촉하답니다. 당근을 얇게 채 썰거나 사방 0.3cm 크기로 다져 넣으면
당근을 싫어하는 편식쟁이 아이들도 아주 잘 먹어요.

①
오븐을 170℃(미니 오븐은 160℃)로 예열한다. 머핀 틀에 붓으로 포도씨유(머핀 틀 코팅용)를 얇게 바른다.

②
당근은 씻어 껍질을 벗긴 후 강판에 갈거나 가늘게 채 썬다.

③
박력분, 베이킹파우더, 계핏가루, 소금을 함께 체에 내린다.

④
달걀은 거품기로 연 노란색이 날 때까지 거품을 낸 후 포도씨유를 조금씩 넣어가며 섞다가 흑설탕과 꿀을 넣고 골고루 섞는다.

⑤
④의 반죽에 ③의 체 친 가루 재료들과 갈아 놓은 당근을 넣고 가루가 보이지 않을 때까지 주걱으로 가볍게 섞는다.

⑥
반죽은 머핀 틀의 2/3 정도까지 채운 뒤 예열된 오븐의 가운데 칸에 넣고 8분간(미니 오븐도 동일) 굽다가 틀을 꺼내 반대방향으로 돌려 넣고 7~8분간(미니 오븐도 동일) 더 굽는다. 오븐에서 틀을 꺼내 식힘망 위에 그대로 올려 식힌 후 머핀을 꺼낸다.

재료[12개분]

· 당근(강판에 간 것) 150g
· 박력분 150g
· 베이킹파우더 3g
· 계핏가루 6g
· 소금 2g
· 달걀 160g
· 포도씨유 150g
· 흑설탕 75g
· 꿀 25g
· 포도씨유(머핀 틀 코팅용) 2큰술

* baking tip *

흑설탕이 없어 백설탕을 사용할 경우 풍미, 촉촉함, 색깔 등이 조금 떨어지니 가급적 흑설탕을 사용한다.

마른 자두를 넣은 머핀

자두는 변비예방은 물론 여름 무더위로 인한 식욕감소, 피로회복에도 참 좋지요. 그래서 여름철에
자두를 넣어 머핀을 만들면 아이들에게 더욱 좋은 간식이 됩니다. 마른 자두를 넣으면 쫀득한
씹는 맛과 은은한 단맛이 좋고, 좀더 새콤하고 부드러운 머핀을 만들고 싶다면 생자두를 넣으세요.

새콤한 맛의 부드러운
머핀을 즐기고 싶다면
생자두 3개를 각각
2.5cm 크기로 썰어
레시피대로 요리한다.

① 박력분과 베이킹파우더는 함께 체에 내린다. 마른 자두는 각각 6등분하고 달걀은 거품기로 골고루 푼다. 오븐은 170℃(미니 오븐도 동일)로 예열한다.

② 실온에 둔 버터(머핀 틀 코팅용)는 붓(또는 손가락)으로 머핀 틀에 골고루 바른 후 덧밀가루를 뿌린다. 손바닥으로 살살 쳐 가며 틀에 덧밀가루를 골고루 묻힌다(머핀 틀을 바닥에 탁탁 쳐 여분의 가루를 털어낸다).

③ 볼에 실온에 둔 버터(반죽용)를 넣고 거품기로 부드럽게 잘 푼 후 설탕을 넣고 골고루 저어 크림 상태로 만든다. 꿀을 넣고 잘 섞는다.

④ ③의 반죽에 ①의 달걀물을 3~4번 나누어 부어 가면서 거품기로 골고루 섞는다. 떠먹는 플레인 요구르트, 우유를 넣고 거품기로 잘 섞는다.

재료[지름 5cm 높이 3cm, 12개분]

- 마른 자두 100g
- 박력분 200g
- 베이킹파우더 3g
- 달걀 2개
- 실온에 둔 부드러운 버터(머핀 틀 코팅용) 10g
- 덧밀가루(박력분) 3큰술
- 실온에 둔 부드러운 버터(반죽용) 120g
- 설탕 50g
- 꿀 3과 2/3큰술(50g)
- 떠먹는 플레인 요구르트 1/2통(50g)
- 우유 60g

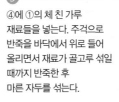

⑤ ④에 ①의 체 친 가루 재료들을 넣는다. 주걱으로 반죽을 바닥에서 위로 들어 올리면서 재료가 골고루 섞일 때까지 반죽한 후 마른 자두를 섞는다.

⑥ ⑤의 반죽을 머핀 틀의 2/3 정도까지 채운다.

아이스크림 스쿱에 물을 살짝 바른 후 반죽을 떠 틀에 담으면 편리하고 반죽을 채운 후 냉장고에 잠시 두었다가 구우면 윗면이 봉긋하게 나온다.

이 쑤시개로 반죽을 찔렀을 때 반죽이 묻지 않으면 잘 익은 것이다.

⑦ 머핀 틀을 예열된 오븐의 가운데 칸에 넣고 10분간(미니 오븐은 8~10분간) 굽다가 머핀 틀을 꺼내 반죽의 익는 상태를 살펴보면서 틀을 반대방향으로 돌려 넣고 170℃로 낮춰 6~10분간(미니 오븐은 160℃에서 8~10분간) 더 굽는다. 머핀 틀에서 꺼낸 후 식힘망 위에 올려 식힌다.

무화과 스콘

무화과 특유의 향과 톡톡 씹히는 씨가 있어 더욱 맛있고 담백한 스콘입니다. 사시사철 마트에서 살 수 있는 말린 무화과를 넣어 말캉하게 씹히는 식감이 참 좋지요. 무화과 잼이나 버터를 발라 먹으면 더욱 잘 어울린답니다.

① 말린 무화과는 2등분하여 설탕물(물 1/2컵 + 설탕 1큰술)에 담가 20~30분간 불리고, 달걀은 골고루 푼다.

② 중력분과 베이킹파우더, 설탕, 소금을 함께 체에 내린다. 오븐을 180℃(미니 오븐은 170~180℃)로 예열한다.

③ ②에 버터를 넣고 손으로 살살 비벼 섞은 뒤 ①의 무화과를 넣고 골고루 섞는다.

④ ③에 우유와 ①의 달걀물을 넣고 반죽하는데, 이때 달걀물은 반죽에 바르는 용도로 1큰술 정도 남긴다 (⑥번 과정에 사용).

스콘은 반죽을 너무 치대면 결이 제대로 나지 않고 식감도 떨어지니 주의 할 것.

⑤ 반죽을 위생팩(또는 랩)에 싸서 냉장고에서 20분간 휴지시킨 후 덧밀가루를 뿌리고 2cm 두께로 민다. 지름 6cm 크기의 둥근 컵으로 찍는다.

⑥ 오븐 팬에 종이 포일을 깔고 반죽을 올린 후 ④의 남긴 달걀물을 윗면에 바른다. 예열된 오븐의 가운데 칸에 넣고 10분간 굽다가 170℃로 낮춰 5~10분간 더 굽는다 (미니 오븐은 170~180℃에서 10분간 굽다가 160℃로 낮춰 5~10분간 더 굽는다).

재료[지름 6cm 크기, 7~8개분]

· 말린 무화과 1컵(130g)
· 달걀 1개
· 중력분 300g
· 베이킹파우더 12g(4작은술)
· 설탕 3큰술
· 소금 1작은술
· 버터 60g
· 우유 1/3컵(약 70g)
· 덧밀가루(중력분) 3큰술

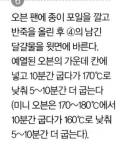

* baking tip * 무화과 스콘과 잘 어울리는 무화과잼

[재료 1컵, 230g분]
· 생 무화과 8개(70~80g)
· 물엿 3큰술
· 레몬즙 1작은술
· 설탕 7큰술
· 소금 1/5작은술

[만들기]
① 무화과의 껍질을 벗겨 속안 발라낸다.
② 냄비에 무화과 속살과 설탕, 소금을 넣고 무화과를 으깨듯 저어가며 약한 불에서 10분 정도 조린다.
③ 물엿과 레몬즙을 넣고 골고루 섞은 뒤 불을 끈다.

블루베리 브라우니

눈 건강과 피로회복에 참 좋은 블루베리는 타임지가 선정한 세계 10대 수퍼 푸드인데요,
공부하느라 눈이 나빠진 아이들에게는 특히 추천하고 싶은 간식이지요.
따뜻할 때 바닐라 아이스크림과 함께 먹으면 아이들이 정말 좋아한답니다.

1

코코아가루와 박력분을
함께 체에 내린다. 오븐은
170℃(미니 오븐은
160~170℃)로 예열한다.

2

우유와 달걀(2개)을
거품기로 섞은 후 흑설탕을
넣고 섞는다.

3

냄비에 물을 붓고 끓인다.
큰 스테인리스 볼에 다크
커버춰 초콜릿과 무염
버터를 넣고 볼을 냄비 위에
올려 중탕으로 녹인다.
모두 녹으면 냄비에서
내린다.

4

②에 ③을 넣고 ①의
체 친 가루 재료들을 넣어
골고루 섞는다.

재료[10×15cm크기,
5cm두께]

· 코코아가루 10g(무가당,
  베이킹용)
· 박력분 70g
· 우유 40g
· 달걀 2개(110g)
· 흑설탕 110g
· 제과용 다크 커버춰
  초콜릿 110g
· 무염 버터 110g
· 냉동 블루베리 약 1줌
  (약 30g)(생략 가능)

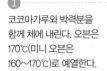

5

오븐 팬에 종이 포일을 깔고
④의 반죽을 평평하게 붓는다.
블루베리를 골고루 깊숙이
박고 윗면에도 블루베리를
얹는다.

6

170℃로 예열된 오븐의
가운데 칸에 넣고
20~25분간(미니
오븐은 160~170℃에서
18~20분간) 굽는다.
이때 이쑤시개로 찔러
반죽이 묻지 않으면 익은
것이다.

핑거 마들렌

조개 모양의 마들렌은 오렌지나 레몬 껍질을 넣어 상큼한 향이 물씬 풍기는 프랑스 디저트로
잘 알려져 있죠. 마들렌 틀이 없어도 사각 틀에 구워 아이들이 먹기 좋게 작게 썰어 핑거 마들렌을
만들어 보세요. 간식으로 좋을 뿐 아니라 종이 포일로 간단하게 포장해 선물하기에도 좋습니다.

1
오렌지 껍질을 강판
(제스터)으로 긁어 오렌지
제스트를 만든다.

제스터가 없다면
노란 껍질만 얇게 벗긴 다음
칼로 잘게 다진다. 이 때
흰 속껍질이 들어가면
쓴맛이 나므로 주의한다.

2
버터(사각 틀 코팅용,
20g)를 내열 용기에 담고
전자레인지(700W)에
10~15초 정도 돌린 뒤
틀 안쪽에 붓으로 꼼꼼히
바른다. 그래야 완성된
마들렌이 틀에서 잘
떨어진다.

3
②의 사각 틀에 덧밀가루
(사각 틀 코팅용) 1/4컵을
체에 밭쳐 흩뿌린 후
손바닥으로 탁탁 쳐 여분의
가루를 털어내고 냉장고에
넣어둔다.

재료[10×4cm 크기,
2cm 두께, 20개분]

· 오렌지(또는 레몬 1개)
  1/2개
· 실온에 둔 부드러운
  버터(사각 틀 코팅용) 20g
· 덧밀가루(박력분, 사각 틀
  코팅용) 1/4컵
· 박력분 100g
· 베이킹파우더 5g
· 달걀 1과 1/2개분(84g)
· 실온에 둔 부드러운
  버터 100g
· 설탕 65g
· 꿀 15g
· 우유 30g

4
박력분과 베이킹파우더를
함께 체에 내린다.

5
볼에 달걀을 넣고 거품기로
골고루 풀어 달걀물을
만든다. 오븐은 180℃(미니
오븐은 170~180℃)로
예열한다.

⑥
볼에 실온에 둔 버터
(100g)를 넣고 거품기로 저어
부드러운 크림 상태로 만든다.

⑦
⑥에 설탕과 ①의 오렌지
제스트를 넣고 거품기로
잘 섞은 다음 꿀을 넣어
젓는다.

⑧
⑦에 우유와 ⑤의 달걀물을
넣고 골고루 섞은 다음
④의 체 친 가루재료들을
넣고 골고루 섞는다.

⑨
냉장고에 두었던 사각 틀에
⑧의 반죽을 사각 틀의
1/4 정도까지 채운 다음
반죽의 윗면을 주걱으로
평평하게 편다.

⑩
반죽을 넣은 사각 틀을
바닥에 세게 탁탁 쳐 다시
한 번 반죽을 고르게 한다.

⑪
180℃로 예열된 오븐의
가운데 칸에 넣고 8분간(미니
오븐은 170~180℃에서
8분간) 굽는다. 170℃(미니
오븐은 160℃)로 낮춰 오븐
팬을 꺼내 반대방향으로
돌려 넣고 7~8분간(미니
오븐도 동일) 더 굽는다.

⑫
오븐에서 사각 틀을 꺼내
식힘망 위에 뒤집어 놓고
마들렌을 뺀다. 식힌 후 먹기
좋은 크기로 썬다.

레몬 요구르트 미니 머핀

향기롭고 상큼한 레몬과 몸에 좋은 요구르트를 넣어 만든 머핀입니다. 레몬 껍질과 레몬 시럽,
그리고 조린 레몬을 듬뿍 넣어 한층 더 부드러운 식감과 진한 레몬향을 느낄 수 있어요.
아이들이 먹기 좋도록 앙증맞은 크기로 만들어보세요.

[레몬 시럽 만들기]

①
박력분과 베이킹파우더,
소금을 함께 체에 내린다.
볼에 달걀을 넣고 잘
풀어준다.

②
레몬은 깨끗이 씻어 반으로
썬다. 레몬의 1/2개는 필러로
껍질을 벗긴 후 즙을 내고,
껍질은 다진다. 나머지
1/2개 분량은 껍질째 0.5cm
폭으로 6쪽이 나오도록 썬다.
이를 다시 4등분 해 은행잎
모양으로 썬다(완성량 24쪽).

레몬은 소금이나
베이킹파우더로 문지른
다음 뜨거운 물을
끼얹어가며 깨끗이
씻는다.

재료 [2~3인분]
(미니 머핀 틀 24개,
일반 머핀 틀 6개분)

· 박력분 220g
· 베이킹파우더 3g
· 소금 1g
· 설탕 70g
· 달걀 2개(119g)
· 실온에 둔 부드러운
  버터 100g
· 버터 5g(머핀 틀 코팅용)
· 떠먹는 플레인 요구르트
  85g
· 우유 20g

  레몬 시럽
· 레몬 1개(레몬즙 1/2개분
  + 레몬 썬 것 1/2개분)
· 설탕 60g
· 물 100ml

③
냄비에 썰어둔 레몬과
레몬즙, 설탕(60g),
물(100ml)을 넣고 센 불에서
끓인다. 끓어오르면 중간
불로 줄여 6분간 끓인다.

④
체에 밭쳐 시럽과 조린
레몬을 따로 둔다. 시럽의
상태는 사진과 같다.

⑤ 오븐을 175℃로 예열한다
(6구 머핀틀을 사용할 경우
180℃, 미니 오븐은 170℃로
예열한다). 실온에 둔 버터를
거품기를 이용하여 부드럽게
푼 다음 설탕(70g)을 3번에
나누어 넣으며 설탕 입자의
반 정도 녹을 때까지
휘젓는다.

⑥ ⑤의 볼에 ①의 달걀물을
5∼6번 나누어 조금씩
넣으며 휘젓는다. 버터의
양이 달걀의 양보다
적으므로 분리되지 않도록
달걀을 조금씩 넣으며
재빠르게 많이 휘젓는다.

⑦ 설탕의 입자가 거의
만져지지 않을 만큼 녹으면
①의 체 친 가루 재료들을
넣은 다음 주걱으로 섞는다.

핸드믹서를 이용하면
보다 쉽게 반죽을
할 수 있다.

⑧ ⑦에 떠먹는 플레인
요구르트, 우유, ②의 레몬
껍질 다진 것, ④의 레몬
시럽(1큰술은 남겨두어 ⑪번
과정에 사용)을 넣고 잘
섞는다. 반죽 상태는 오른쪽
사진과 같다.

어핀 틀의 코팅 상태가 좋다면
버터는 생략해도 좋다.
짤주머니가 없을 경우
숟가락으로 반죽을
떠서 넣어도 된다.

6구 어핀틀은 180℃, 가운데
칸에서 8분간 구운 후
종이 포일을 덮고 170℃로
낮춰 아래 칸에서 3분간 더 굽는다.
미니 오븐은 170℃에서 10분간 굽고
종이 포일을 덮지 않은 채 160℃로 낮춰
10분간 더 굽는다.

⑨ 붓을 이용해 버터
(머핀 틀 코팅용)를 미니
머핀 틀(12구, 지름 5cm,
높이 2.5cm)에 바른다.
반죽을 짤주머니에 넣어
머핀 틀에 가득 짠 다음 ④의
조린 레몬을 한쪽씩 올린다.

⑩ 175℃로 예열된 오븐에 머핀 틀을
올린다. 미니 머핀 틀은 175℃, 가운데
칸에서 7분간(미니 오븐은 170℃에서
8∼10분간) 구운 후 종이 포일을 덮고
170℃로 낮춰 아래 칸에서 13분간
(미니 오븐은 165℃에서 10∼12분간)
더 굽는다. 남은 12개 분량의 반죽도
동일한 방법으로 굽는다.

⑪ 머핀 틀에서 머핀을
꺼내자마자 ⑧의 남은 레몬
시럽(1큰술)을 머핀 윗면에
고루 바른다.

피스타치오 비스코티

딱딱한 질감과 고소한 맛이 있는 '비스코티(Biscotti)'는 '두 번 굽는다'라는 뜻을 가진
이탈리아의 대표적인 과자예요. 섬유소가 풍부한 피스타치오가 듬뿍 들어간, 누구나 손쉽게
따라할 수 있는 비스코티를 만들어보세요.

1
중력분과 베이킹파우더를
함께 체에 내린다. 버터는
전자레인지(700W)에서
10~15초간 돌려 녹인다.

2
레몬의 껍질을 필러로
얇게 벗긴다.

3
레몬 껍질은 1cm 길이로
잘게 채 썬다.

4
달걀을 거품기로 3~5분 정도
저어 폭신한 느낌이 나도록
거품을 낸다.

5
④에 설탕을 나누어
넣어가며 거품기로 젓는다.

재료[2.5×10cm 크기,
12~13개분]

· 중력분 140g
· 베이킹파우더 2g
· 레몬 1/2개
· 달걀 1개
· 설탕 100g
· 녹인 버터 25g
· 피스타치오(껍질 벗긴 것)
  50g
· 덧밀가루(중력분) 3큰술

6 거품기에서 반죽이 걸쭉하게 흐를 때까지 젓는다. 오븐을 175℃ (미니 오븐은 160~170℃)로 예열한다.

7 ⑥에 중탕으로 녹여 한 김 식힌 ①의 버터와 ③의 채 썬 레몬 껍질을 넣는다.

8 ⑦에 ①의 체 친 가루 재료들을 넣는다.

9 반죽이 잘 섞이도록 주걱으로 골고루 섞는다.

10 ⑨에 피스타치오를 넣고 고루 섞는다.

피스타치오가 없다면 아몬드, 헤이즐넛, 땅콩, 초콜릿 칩 등을 넣어도 된다.

11 손에 덧밀가루를 조금 묻혀 반죽을 뭉쳐 2.5cm 두께에 10cm 길이로 모양을 잡아 오븐 팬에 올린다.

⑫ ⑪을 175℃로 예열된 오븐에 넣고 약 25분간 (미니 오븐은 160~170℃ 에서 20~25분간) 노릇하게 굽는다.

⑬ 실온에서 2분 정도 식혀 따뜻한 상태일 때 제빵용 칼을 이용해 1.5 cm 폭으로 썬다. 속까지 잘 익히기 위해 오븐 팬에 썬 단면이 위로 향하게 비스코티를 다시 올려 놓고 130~140℃에서 7~10분간(미니 오븐은 130℃에서 7~10분간) 더 굽는다.

비스코티를 제빵용 칼로 썰지 않으면 쉽게 부서질 수 있다. 분무기로 비스코티에 물을 살짝 뿌린 후 썰면 덜 부서진다.

* baking tip *

달걀을 거품기로 저을 때 공기를 넣어가며 풍성하게 부풀리지 않으면 바삭한 비스코티를 만들 수 없다. 먼저 거품을 충분히 낸 후에 설탕을 넣어준다.

홈메이드 음료

쵸콜릿 바나나 스무디

뇌가 활동하는데 원동력이 되는
탄수화물과 포도당이 풍부한 바나나에
달콤한 코코아가루를 넣어 만든,
아이들이 정말 좋아하는 스무디예요.

1 바나나는 껍질을 벗겨 2～3cm 폭으로
   썬 후 밀폐 용기에 담아 냉동실에 얼린다.

2 얼린 바나나와 준비한 모든 재료를
   믹서기에 넣고 곱게 간다.

재료[2컵]

· 바나나 2개(180g)
· 코코아가루
  (가당, 음료용) 3큰술
· 우유 2컵
· 얼음 4～5조각

단호박 두유라떼

당질, 비타민 B와 C, 베타카로틴 등이
풍부해 피로회복과 감기예방을
도와주는 단호박과 두유로 따뜻한
라떼를 만들어보세요.

1 찜기에 물을 붓고 끓여 한 김 올린다.

2 단호박은 씨를 파낸 후 껍질째 길쭉하게
   4등분 한다. ①의 찜기에서 15분간 찐
   후 (또는 전자레인지(700W)에 넣고
   5분간 돌린 후) 노란 과육을 숟가락으로
   긁어낸다.

3 믹서기에 ②의 단호박 과육과 두유, 꿀,
   소금을 넣고 곱게 간다.

4 냄비에 ③을 붓고 약한 불에서 3분간
   끓인다.

재료[2컵]

· 단호박 1/3개(320g)
· 시판용 두유
  (달지 않은 맛) 2컵
· 꿀 2큰술
· 소금 1/4작은술

블루베리 두유 요구르트

사시사철 쉽게 구할 수 있는
냉동 블루베리에 두유,
플레인 요구르트를 넣고 갈아
만든 음료입니다. 수퍼 푸드로
주목 받는 블루베리를 가볍게
즐길 수 있어요.

재료[3과 1/4컵]

- 냉동 블루베리 1컵
  (170g)
- 마시는 플레인 요구르트
  1과 1/2컵
- 두유 1컵
- 꿀 2큰술
- 소금 1/4작은술

1 믹서기에 블루베리, 마시는
  플레인 요구르트, 두유를 담고
  꿀, 소금을 넣어 곱게 간다.

홍시라씨

아이스 홍시와 시판용 플레인
요구르트를 이용해 간단하게
만들 수 있는 인도식 건강음료를
만들어보세요.

재료[2컵]

- 아이스 홍시
  (또는 얼린 홍시) 1개
- 떠먹는 플레인 요구르트
  1과 1/2통(150g)
- 물 1/4컵
- 설탕 1~2작은술

1 얼린 홍시를 사용할 경우는 흐르는 물에
  헹궈 꼭지와 껍질을 제거한다.
2 믹서기에 모든 재료를 넣고 곱게 간다.
  너무 되직하면 물을 약간 더 넣어 농도를
  맞춘다.
3 컵에 완성된 라씨를 담는다.

* tip * 라씨(Lassi)란?
걸쭉한 요구르트에 물, 소금, 향신료 등을 섞어서
거품이 생기게 만든 인도의 전통음료로
무더위를 이기기 위해 얼음과 함께 갈아 차갑게
마신다. 전통적인 라씨는 짠맛이 강하지만
설탕과 과일즙을 넣어 단맛이 나게 먹기도 한다.

03

Homemade Tarte & Pie

입안이 즐거워지는 홈메이드 타르트 & 파이

달콤함, 바삭함, 부드러움을 느낄 수 있어 인기가 많은 타르트와 파이를
집에서 만들어보세요. 크림이나 초콜릿과 함께 아이들에게 꼭 필요한 비타민이
듬뿍 들어있는 신선한 과일을 먹기 좋게 올리면 좋겠지요, 특히 계절 과일을 이용한다면
과일의 향과 맛을 제대로 느낄 수 있고 영양도 만점이랍니다.

초콜릿 과일 타르트

굽지 않고 바로 사용할 수 있는 시판용 타르트 틀을 이용해 간편하게 만들 수 있는 타르트예요.
타르트 틀에 쵸콜릿 소스를 가득 채우고 다양한 과일을 얹어 아이들이 무척 좋아하지요.
타르트 틀의 가장자리에 땅콩가루를 묻혀 고소한 맛도 더했답니다.

1
냄비에 우유, 설탕을 넣고 중간 불에서 끓이다가 끓어오르면 약한 불로 줄여 다진 초콜릿을 넣고 고루 섞는다. 초콜릿이 완전히 녹으면 불에서 내려 무염 버터를 넣고 실리콘 주걱으로 젓는다.

2
바나나는 한입 크기로 어슷하게 썰어서 표면에 설탕을 약간 뿌려 갈변을 방지한다. 키위는 껍질을 벗기고 세로로 4등분한 다음 반으로 썬다. 오렌지는 껍질을 벗기고 과육만 떠서 준비한다.

3
평평한 접시에 각각 물엿과 다진 땅콩가루를 펼쳐 담는다. 타르트 틀을 뒤집어 물엿을 찍듯이 묻힌다.

재료[지름 7~8cm, 타르트 3개분]

· 시판용 타르트 틀 3개
· 물엿 1큰술
· 잘게 다진 땅콩가루 1큰술

초콜릿 소스
· 다진 초콜릿(제과용 커버춰 초콜릿. 카카오 72%이상) 80g
· 우유 60ml
· 설탕 10g
· 무염 버터 15g

장식용 과일
· 바나나 1/3개
· 키위 1개
· 딸기 3개
· 오렌지 1/2개
· 설탕 약간

4
③의 타르트 틀을 다시 뒤집어 땅콩가루를 찍듯이 묻힌다.

5
타르트 틀에 초콜릿 소스를 반 이상 채우고 준비한 과일을 올려 장식한다.

baking tip

시판타르트 틀 구입처
브레드 가든(www.breadgarden.co.kr),
e홈베이커리(www.ehomebakery.co.kr) 등
인터넷사이트나방산시장 등에서 구입할 수 있다.
한팩(8인치, 6개)에4천 원대에판매된다.

블루베리 타르트

비타민C가 풍부하고 시력 보호에 탁월한 블루베리를 생으로 듬뿍 넣어 더욱 먹음직스러운 타르트예요. 타르트는 반죽이 중요한데요, 반죽만 잘 따라하면 누구든 실패없이 멋지게 만들 수 있답니다.

※ [준비하기]
휴지시간 1시간

실온에 놓아두면
버터가 녹아 반죽이
질어질 수 있다.

1
타르트 반죽용 차가운
버터는 차가운 상태로
깍둑썰기 한다.
아몬드크림용 버터는
미리 실온에 꺼내둔다.

2
블루베리는 설탕을 뿌려
버무린다.

3
타르트 틀 안쪽에 버터
(타르트 틀 코팅용)를 발라
냉장고에 보관한다.

재료 [타르트 틀 1호 2개,
틀 3호 1개]

타르트 반죽
· 생 블루베리 200g
· 설탕 1큰술
· 박력분 200g
· 차가운 버터 120g
· 슈가파우더 65g
· 소금 1/2작은술
· 아몬드가루 25g
· 달걀 1개
· 버터(타르트 틀 코팅용)
  약간
· 슈가파우더(장식용)

아몬드크림
· 실온에 둔 부드러운 버터
  120g
· 설탕 120g
· 달걀 2개
· 아몬드가루 120g

[타르트 반죽 만들기]

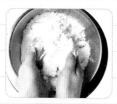

4
박력분, 버터(반죽용),
슈가파우더(165g), 소금을
볼에 담아 주걱으로 한 번
섞는다. 손끝으로 문질러
버터와 가루 재료들을 하나씩
풀어 아몬드가루와 같은
질감을 만든다.

5
여기에 아몬드가루를 넣고,
가운데 홈을 파서 달걀을
넣어 반죽한다.

타르트 틀이 없으면,
지름 10cm 정도의 1회용
알루미늄 접시나
그릇을 사용한다.

6
둥글 납작한 모양으로 만든
반죽은 위생팩(또는 랩)으로
싼 후 냉장고에 1시간 정도
휴지시킨다.

[아몬드크림 만들기] ⑦ 실온에 둔 부드러운
버터를 설탕과 함께
섞는다. 설탕이 모두
녹을 때까지 크림 상태로
푼 뒤 달걀을 풀어 조금씩
넣으면서 섞는다.

⑧ ⑦에 아몬드가루를
넣고 가볍게 섞은 다음
짤주머니에 담는다.

[반죽을 틀에 맞춰 굽기] ⑨ 오븐을 160℃(미니 오븐도
동일)로 예열한다. 냉장고에
넣어둔 ⑥의 타르트 반죽을
밀대로 0.2~0.3cm 두께로
얇게 민다.

⑩ 밀대로 반죽을 돌돌 말아서
들고, 준비해둔 타르트 틀
위에 도르르 펼친다.

⑪ 타르트 틀에 올린 반죽을
틀 안으로 잘 끼워 넣고,
벽에 반죽이 일정한 두께로
붙도록 꼼꼼히 밀어넣는다.
밀대로 타르트 위를
둘러가며 밀어 틀 밖으로
나온 반죽을 잘라낸다.

아몬드크림은 만들어서
냉장고에 5일 정도는 보관할 수
있다. 만들어 쓰고
남은 크림은 먹고 남아 딱딱해진
크루아상이나 식빵에 발라
오븐에 한번 더 구우면
색다른 맛을 낸다.

⑫
짤주머니에 넣은 ⑧의
아몬드크림을 타르트 반죽
안에 골고루 짜 넣는다.

⑬
⑫의 위에 설탕에 버무려
둔 블루베리를 토핑한다.
160℃로 예열된 오븐의
가운데 칸에 넣고
30～35분간(미니 오븐도
동일) 굽는다.

⑭
아몬드크림이
노릇노릇하게 익으면 꺼내
식히고, 위에 슈가파우더를
뿌려 마무리한다.

★ 보너스 레시피 ★

식빵 미트파이

재료[4개분]
· 식빵 8장
· 슈레드 피자치즈 1과 1/2컵
· 달걀 1개
· 녹인 버터 2큰술
· 식용유 1큰술
· 다양한 얼굴 꾸밈 재료
  (새싹채소, 오이,
  미니 파프리카, 올리브,
  참깨, 치즈 등)

속 재료
· 다진 쇠고기 150g
· 다진 돼지고기 120g
· 다진 양파 2큰술
· 다진 셀러리 2큰술
· 양조간장 2작은술
· 굴소스 1작은술
· 설탕 1작은술
· 다진 파 2작은술
· 다진 마늘 1작은술
· 후춧가루 1/8작은술

① 식빵 안에 들어가는 모든 속 재료는 볼에 넣고
   양념이 고루 배도록 5분 정도 충분히 치댄다.
② 모든 식빵은 가장자리를 칼로 잘라내고,
   일대로 꾹꾹 눌러가며 밀어 얇게 민다.
   지름 10cm 정도의 밥공기로 눌러 찍어낸다.
③ 달걀은 풀어둔다. 오븐은 200℃로 미리
   예열한다.
④ 달군 팬에 식용유를 두르고 양념한 속 재료를
   중간 불에서 10분 정도 고슬하게 볶은 다음 체에
   밭쳐 수분을 날린다.
⑤ 녹인 버터를 모든 식빵에 나눠얇게 펴 바른 뒤
   4장의 식빵에 볶은 고기를 1/4분량씩 올리고
   피자치즈를 뿌린다.
⑥ 달걀물을 가장자리에 고루 바르고 남은 식빵으로
   덮은 뒤 포크로 가장자리를 눌러 잘 여며준다.
⑦ 각 파이 위에 달걀물을 펴바른 후 얼굴 꾸밈
   재료로 장식한다.
⑧ 예열한 200℃ 오븐에서 약 5～7분간 노릇하게
   색이 나도록 굽는다.

살구 타르트

보고만 있어도 절로 군침이 도는 살구를 이용해 아이들 간식으로 좋은 타르트를 만들어보세요.
생 살구로 만들 경우 푹 익어 단맛이 많이 나고 말랑말랑한 것을 사용해야 시지 않고 맛있어요.
푹 익은 살구를 구하기 어렵다면 단맛이 일정한 살구통조림을 사용하면 됩니다.

① 박력분, 설탕, 소금을 체에 내리고 냉장고에 둔 단단한 버터는 사방 2cm 크기로 썬다. 살구 통조림은 체에 밭쳐 물기를 빼고 생살구를 사용할 경우 껍질을 벗긴 후 반을 갈라 씨를 뺀다.

② 볼에 ①의 체 친 가루 재료들을 넣고 골고루 섞은 후 ①의 버터를 넣고 손가락으로 으깨가면서 반죽한다.

재료[지름 24cm, 1개분]

- 박력분 200g
- 설탕 20g
- 소금 1/2큰술(4g)
- 냉장고에 둔 단단한 버터 100g
- 살구 통조림 1캔(825g) (또는 푹 익어 말랑말랑한 생살구 20개)
- 달걀 1개
- 차가운 물 1/2큰술
- 덧밀가루(박력분) 3큰술
- 아몬드 슬라이스 1줌(16g)

아몬드크림

- 버터 50g
- 설탕 50g
- 달걀물 45g
- 아몬드가루 50g

살구잼시럽

- 살구잼(또는 꿀) 3큰술(50g)
- 차가운 물 1과 1/2큰술

[반죽 만들기]

③ ②에 달걀과 차가운 물(1/2큰술)을 넣고 골고루 반죽해 한 덩어리로 만든다.

④ ③의 반죽을 위생팩에 넣은 후 밀대로 밀어 둥글 납작한 모양(지름 27cm 정도)으로 만든다. 쟁반에 올려 냉장고에서 30분간 휴지시킨다. 오븐은 170℃(미니 오븐은 160~170℃)로 예열한다.

⑤ [아몬드크림 만들기]
아몬드크림 재료 중 버터를 거품기로 푼 후 설탕을 섞어 크림 상태로 만든다. 달걀물을 넣고 섞은 후 아몬드가루를 넣고 섞는다.

⑤의 재료는 모두 질감이 다르므로 한꺼번에 넣고 섞으면 잘 섞이지 않는다. 레시피에 나온 순서대로 넣어가며 섞는 것이 잘 섞인다.

[반죽을 틀에 맞춰 넣기]

⑥
작업대에 덧밀가루를 뿌리고 냉장고에 둔 ④의 반죽을 꺼내
올린다. 반죽 위에 덧밀가루를 한 번 더 뿌린 후 밀대로
0.3cm 두께로 민다. 밀대에 덧밀가루를 묻힌 후 반죽을 돌돌
말아서 타르트 틀 위에 도르르 다시 펼친다.

⑦
타르트 틀에 올린 반죽을
틀 안으로 잘 끼워 넣고,
벽에 반죽이 일정한 두께로
붙도록 꼼꼼히 밀어 넣는다.

⑧
밀대로 타르틀 위를
둘러가며 밀어 틀 밖으로
나온 반죽을 잘라낸다.

[아몬드크림 바르기 & 살구 올리기]   [살구 시럽 만들기]

⑨
⑧의 반죽 위에
아몬드크림을 바르고
사진처럼 살구를 둥근
부분이 바닥에 닿도록
촘촘히 올린다.

⑩
살구 위에 아몬드 슬라이스를
뿌린 후 170℃로 예열된
오븐의 가운데 칸에 넣고
30~35분간(미니 오븐은
160℃에서 30~35분간)
굽는다. 살구가 탈 경우
종이 포일을 덮는다.
단, 아몬드크림이 익는데
5분 정도 더 걸릴 수 있다.

⑪
타르트가 거의 다 구워질
때쯤 팬에 살구잼과 차가운
물(1과 1/2큰술)을 넣고
저어 부드럽게 푼 후 약한
불에서 끓인다. 바글바글
끓으면 불을 끈다.

⑫
⑪의 타르트가 구워지면
꺼내서 붓으로 살구 시럽을
타르트 위에 골고루 바른다.
시럽이 뜨거울 때 발라야
뭉치지 않게 바를 수 있다.
틀에서 조심스럽게 빼낸 후
식힘망 위에서 식힌다.

* baking tip *

집에서 아몬드가루 만드는 방법
아몬드가루 50g을 만들기 위해서는 아몬드 슬라이스(또는 통아몬드) 25g과 슈가파우더 25g이
필요하다. 이 재료를 분쇄기(커터기)에 넣고 곱게 간 다음 고운 체에 내리면 아몬드가루 완성!

살구 통조림 구입처
브레드 가든(www.breadgarden.co.kr), 베이킹스쿨(www.bakingschool.co.kr) 등
인터넷 사이트나 방산시장 등에서 구입할 수 있다. 한 캔(825g)에 3~4천 원대에 판매된다.

엄마손 파이

빨미에(Palmier)라는 이름보다 '엄마손 파이'라는 이름이 더 와 닿는 과자예요.
사랑스런 모양처럼 맛 또한 달콤해 바삭바삭 결따라 먹는 재미가 있답니다. 시판되는 과자를
집에서 직접 만들어 먹는 즐거움을 아이와 함께 느껴보세요.

손으로 눌렀을 때 자국이 살짝 남을 정도의 굳기가 적당하다.

①
도마 위에 종이 포일을 깐다. 버터(300g)를 올려 놓고 다른 종이 포일로 덮는다. 밀대로 사방 15cm 크기의 사각형 모양으로 민 다음 냉장고에 넣어 굳힌다.

②
나머지 버터(75g)를 중탕으로 녹인다. 오븐을 190℃(미니 오븐도 동일)로 예열한다.

③
볼에 박력분과 강력분, ②의 녹인 버터, 소금, 물을 넣고 반죽한다. 반죽이 덩어리가 되면 덧가루(덧밀가루용 박력분+설탕)를 살짝 뿌린 뒤 볼에 담아 랩을 씌운 후 냉장고에서 30분간 휴지시킨다.

반죽에서 물과 버터의 정확한 양이 중요하니, 이 두 가지 재료는 반드시 저울을 이용해 정확히 계량한다.

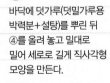

재료 [1~1.5cm 두께, 25~30개분]

· 박력분 300g
· 강력분 200g
· 버터 375g
· 소금 1과 1/2큰술
· 물 250g
  덧가루
· 덧밀가루(박력분) 100g
· 설탕 75g

냉장고에서 굳힌 버터가 너무 단단하면 종이 포일로 싸서 밀대로 살짝 두드려 부드럽게 만든 뒤 사용한다. 버터의 굳기는 반죽과 비슷해야 밀기가 쉽다.

④
③을 밀대로 밀어 넓게 편다. 냉장고에 굳힌 ①의 버터를 반죽 위에 올려 놓고 반죽을 접어 버터가 보이지 않게 감싼다. 반죽이 너무 겹치지 않게 주의한다.

⑤
바닥에 덧가루(덧밀가루용 박력분+설탕)를 뿌린 뒤 ④를 올려 놓고 밀대로 밀어 세로로 길게 직사각형 모양을 만든다.

⑥ 반죽을 90℃로 틀어 긴 변이 가로로 오게 놓고 오른쪽, 왼쪽 겹치게 접는다(3절 접기). ⑤, ⑥번 과정을 한 번 더 반복한 후 위생팩으로 감싸고 냉장고에서 30분간 휴지시킨다.

⑦ 바닥에 설탕을 뿌린 뒤 반죽을 올려 놓고 설탕을 조금씩 뿌려가며 밀대로 민다. 3절 접기를 해서 위생팩(또는 랩)으로 감싸고 냉장고에서 30분간 휴지시킨다.

⑧ 반죽을 꺼내 설탕을 뿌리고 큰 직사각형으로 민다.

⑨ 반죽을 사진처럼 길이로 두고 양면이 겹치지 않게 반반씩 접은 뒤 두 면이 만나도록 한 번 더 접는다. 반죽을 랩으로 감싸고 냉장고에서 15분간 휴지시킨다.

⑩ 휴지시킨 ⑨의 반죽을 꺼내 1~1.5cm 두께로 썬다.

⑪ 오븐 팬에 ⑩의 단면이 위로 보이게 올리고 사진처럼 모양을 잡아 설탕을 골고루 뿌린다.

⑫ 190℃로 예열된 오븐의 가운데 칸에 넣고 7~8분간 (미니 오븐은 190℃에서 7분간) 구운 뒤 파이의 앞뒤를 뒤집고, 오븐의 온도를 170℃로 낮춰 7~10분간(미니 오븐도 동일) 더 굽는다. 완성된 파이는 식힘망에 올려 식힌다.

쿠키 슈

달콤한 크림이 입안에서 녹아내리는 슈는 실패율이 높은 메뉴로 악명이 높습니다. 그래서
다양한 경우들을 고려해 정말 많이 테스트를 한 레시피랍니다. 설탕을 넣지 않고 구운 커다란 슈에
쿠키를 얹어 바삭함을, 속에는 부드러운 크림을 듬뿍 채워 달콤함을 더했습니다.

[쿠키 만들기]

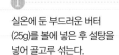

실패율이 높으니
과정을 차근차근
따라한다.

❶ 실온에 둔 부드러운 버터
(25g)를 볼에 넣은 후 설탕을
넣어 골고루 섞는다.

❷ 박력분과 아몬드가루를
함께 체에 내린 다음
①에 넣어 골고루 섞는다.

❸ 반죽이 손에 묻지 않도록
위생팩에 반죽을 넣은
후 밀대를 이용해 0.5cm
두께로 넓게 펴 냉장고에서
30분 이상 휴지시킨다.

재료[8개분]

쿠키
· 실온에 둔 부드러운
  버터 25g
· 설탕 25g
· 박력분 25g
· 아몬드가루 15g

커스터드 크림
· 달걀노른자 1개분
· 설탕 25g
· 박력분 7g
· 옥수수전분 5g
· 우유 100ml

슈
· 중력분 50g
· 물 60g
· 버터 50g
· 소금 1/4작은술
· 달걀 2개(100g)

휘핑크림
· 휘핑크림 150ml
· 설탕 1과 1/2큰술

[커스터드 크림 만들기]

❹ 냄비에 달걀노른자와 설탕을
넣고 잘 섞는다.
박력분과 옥수수전분을 함께
체에 내려 잘 섞는다.

❺ ④에 우유를 조금씩
부으면서 다시 섞는다.

❻ ⑤를 중간 불에서 응어리가
지지 않도록 계속 휘저어
주면서 1분 30초간 끓인 뒤
냉장고에서 차갑게 식힌다.

[슈 만들기]

⑦
중력분은 체에 한 번 내린다.
오븐 팬에 종이 포일을 깐다.
오븐은 180℃(미니 오븐도
동일)로 예열한다.

⑧
냄비에 물, 버터(50g)와
소금을 넣고 약한 불에서
2분간 데우면서 버터를
녹인다. 10초간 불에서 내려
여열로 녹인 후 다시 약한
불에 올려 버터가 보글보글
끓기 시작하면(약 1분) 불을
끈다.

⑨
냄비를 불에서 내려
⑦의 체 친 중력분을 넣고
가루가 보이지 않을 때까지
휘젓는다.

⑩
약한 불에서 50초간
반죽을 저어주고 10초간
불에서 내린 다음 저어준다.
이 과정을 3번 반복한다.
반죽의 상태는 사진과 같다.

⑪
한 덩어리로 뭉쳐진 반죽을
볼에 옮겨 담아 5분간
식힌다.

⑫
다른 볼에 달걀을 푼 후
⑪의 반죽에 3~4번 나누어
넣으면서 거품기로 섞는다.

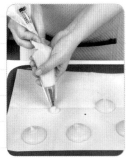

중간에 오븐 문을
열면 슈가 꺼지므로
문을 열지 않는다.

13 짤주머니에 깍지를 끼우고
⑫의 반죽을 넣는다. 종이
포일을 깐 오븐 팬 위에
짤주머니로 지름 5cm
크기의 둥근 모양을 짠다.
이때 간격을 충분히 두어
슈가 부풀어오를 때 서로
달라붙지 않도록 한다.

14 분무기를 이용하여 반죽
위에 찬물을 5번 이상씩
뿌려준다. 물을 충분히
뿌려줘야 완성 후 윗면이 잘
갈라진다.

15 ③의 쿠키 반죽을 지름 3cm의
쿠키 커터(모양 틀)를 이용해
찍어낸 후 ⑭의 슈 반죽 위에
올린다. 180℃(미니 오븐도
동일)로 예열된 오븐의 가운데
칸에 넣어 10~15분간 굽다가
160℃로 낮춰 25분간
(미니 오븐도 동일) 굽는다.

[휘핑크림 만들기] ········ **16** 휘핑크림에 설탕을 넣고
휘핑기를 이용하여 크림이
뿔이 서는 상태가 될 때까지
크림을 만든다.

[크림 채우기] ········ **17** 볼에 커스터드 크림과
휘핑크림을 담아 잘 섞은 후
짤주머니에 넣고 짤주머니의
끝부분을 지름 0.5cm 크기로
자른다. 젓가락을 이용해
슈의 바닥에 구멍을 뚫고
짤주머니로 크림(슈 한 개당
크림의 1/8(25g)분량씩)을
채운다.

에그 타르트

바삭한 틀 속에 촉촉한 커스터드 크림이 들어가 입안에 넣는 순간 사르르 녹는 맛이 일품이죠.
초보자들은 프로세서를 이용하면 더 간편하게 타르트 반죽을 만들 수 있어 그 방법도 함께
소개했답니다. 완전식품인 달걀과 우유가 듬뿍 들어가 특히 성장기 어린이에게 참 좋습니다.

[타르트 반죽 만들기]

① 박력분, 설탕, 소금을 체에 함께 내린다.

② ①의 볼에 냉장고에 둔 차가운 버터를 넣고 나무 주걱으로 으깨가면서 자르듯이 부수어 섞는다.

재료[12개분]

타르트 틀
· 박력분 150g
· 설탕 7g
· 소금 3g
· 냉장고에 둔 차가운 버터 135g
· 물 45g

커스터드 크림
· 달걀노른자 4개분
· 우유 360g
· 설탕 75g
· 소금 2g
· 옥수수전분 10g

기타
· 덧밀가루(박력분) 3~4큰술
· 녹인 버터(머핀 틀 코팅용) 1작은술(2g)
· 팥(또는 콩) 2컵(210g)

③ 버터가 콩알만한 크기가 될 때까지 나무 주걱으로 잘게 부수어 섞은 다음 손으로 비비면서 여러 번 섞는다.

④ ③의 볼에 물(45g)을 넣고 타르트 틀 반죽이 형성될 때까지(반죽의 농도가 질므로) 나무 주걱으로 충분히 섞어준다.

프로세서를 이용하면 보다 쉽게 타르트 틀 반죽을 만들 수 있다. 박력분, 설탕, 소금과 차가운 버터를 프로세서에 넣고 작동 버튼을 탁탁 끊어가며 돌려주면서 반죽한다. 물을 넣고 재료가 잘 섞일 때까지 4~5번 더 돌린다.

⑤ ④의 타르트 틀 반죽을 위생팩에 넣고 손으로 밀어가며 길게 반죽 모양을 만든 후 냉장고에서 1시간 동안 휴지시킨다.

[커스터드 크림 만들기]

⑥ 볼에 달걀노른자를 넣고 거품기를 이용해 잘 푼다.

⑦ 냄비에 ⑥의 달걀노른자와 우유, 설탕, 소금을 넣고 잘 섞은 뒤 중간 불에서 잘 휘저어 가며 설탕이 녹을 때까지 1분간 끓인다.

⑧ ⑦의 냄비에 옥수수 전분을 조금씩 넣어가며 휘저으면서 약한 불에서 3분간 끓인 뒤 바로 다른 볼로 옮긴다. 한 김 식힌 후 랩을 크림 표면에 밀착시켜 씌운 다음 냉장고에서 차갑게 식힌다.

⑨ 붓이나 손가락을 이용해 녹인 버터(머핀 틀 코팅용)를 머핀 틀(12구, 지름 7cm 높이 3cm) 안쪽에 바른다.

⑩ 휴지가 끝난 타르트 틀 반죽을 12개로 나눈 후 덧밀가루를 반죽 앞뒤에 고루 묻힌다.

⑪ 밀대에 덧밀가루를 묻힌 후 타르트 틀 반죽을 0.2cm 두께(1개당 지름 11~12cm 정도)로 둥글 납작한 모양으로 민다.

여분의 덧밀가루를 준비해 타르트 틀 반죽에 묻혀가면서 모양을 만들면 손에 달라 붙지 않는다.

⑫
⑪의 타르트 틀 반죽을 머핀
틀 위에 한 개씩 올린다.
손가락으로 머핀 틀 안쪽에
일정한 두께로 밀착되게
전체적으로 붙인다. 오븐을
180℃(미니 오븐은 170℃)로
예열한다.

⑬
포크로 타르트 틀 반죽
바닥에 3~4번 구멍을
낸 다음 20분간 냉장고에서
휴지시킨다.

⑭
휴지가 끝난 ⑬의 반죽에
머핀 컵을 깐다. 팥(또는
콩)을 반죽 높이만큼
넣는다. 180℃로 예열된
오븐의 가운데 칸에
넣어 10분간(미니 오븐은
170℃에서 10분간) 굽는다.

⑮
구워진 ⑭의 타르트 반죽을
살짝 식힌 후 커스터드
크림 3큰술 정도(타르트
틀의 80% 정도)를 채워
넣는다. 180℃로 예열한
오븐의 가운데 칸에
넣어 10분간(미니 오븐은
170℃에서 10분간) 구운 후
숟가락으로 한 개씩 꺼내
식힘망 위에서 식힌다.

팥(또는 콩)을 채우지 않고
구우면 타르트 벽면의
높이가 낮아져 나중에
필링을 채우기가
힘들다.

애플 시나몬 파이

비타민과 식이섬유가 풍부해 아이들의 피곤함과 변비해소에 효과적인 사과를 이용하여
달콤한 애플 시나몬 파이를 만들어보세요. 사과의 유기산과 궁합이 잘 맞는 계핏가루를
더하면 은은한 향이 정말 좋답니다.

[파이 틀 만들기] ① 박력분, 아몬드가루, 소금을 함께 체에 내린다.

② 다른 볼에 실온에 부드러운 둔 버터를 넣고 마요네즈 정도의 질감이 되도록 거품기로 잘 풀어준다.

③ ②에 슈가파우더를 2~3번에 나누어 넣으면서 거품기로 섞는다.

④ ③에 달걀노른자와 우유를 넣고 거품기로 섞는다.

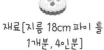

재료[지름 18cm 파이 틀 1개분, 4인분]

· 박력분 120g
· 아몬드가루 15g
· 소금 1g
· 실온에 둔 부드러운 버터 60g
· 슈가파우더 30g
· 달걀노른자 20g
· 우유 5g

사과조림
· 사과(작은 것) 2개(300g)
· 설탕 30g
· 버터 10g
· 레몬즙 5g
· 계핏가루 3g
· 옥수수전분 3g
· 달걀 1개

⑤ ④에 ①의 체 친 가루 재료들을 2~3번 나누어 넣고 덩어리가 될 때까지 주걱으로 섞는다.

⑥ 반죽을 위생팩에 넣어 냉장고에서 1~2시간 동안 휴지시킨다.

⑦ 오븐을 170℃(미니 오븐은 160℃)로 예열한다. 휴지를 마친 반죽을 꺼내 위생팩 위에 놓고 밀대를 이용해 0.5cm 두께로 민다.

⑧ 파이 틀에 반죽을 올려 벽에 반죽이 일정한 두께로 붙도록 꼼꼼히 밀어넣는다. 밀대로 타르트 위를 둘러가며 밀어 틀 밖으로 나온 반죽을 잘라낸다.

타르트 반죽을 미리 한번 구우면 더 바삭한 식감이 살아난다.

⑨ 반죽이 익을 때 부풀지 않도록 포크를 이용해 바닥에 구멍을 낸다.

또는 파이 반죽 위에 종이 포일을 깔고 팥(또는 콩)을 올리면 바닥이 부풀지 않는다.

⑩ 남은 반죽은 하나로 뭉쳐 다시 위생팩에 넣고 0.5cm 폭으로 밀어 사과조림을 만드는 동안 냉장고에 넣어 휴지시킨다.

⑪ 170℃로 예열된 오븐의 가운데 칸에 ⑨의 파이 틀을 넣고 13분간(미니 오븐은 160℃에서 13분) 구운 후 식힌다.

[사과조림 만들기]

12
오븐을 다시 170℃(미니
오븐은 160℃)로 예열한다.
사과는 8등분한 후 껍질과
씨를 제거한다. 사진처럼
넓적하게 0.5cm 폭으로
썬다.

13
달군 냄비에 사과, 설탕,
버터, 레몬즙을 넣고
물기가 거의 없어질 때까지
6분간 조린다. 계핏가루와
옥수수전분을 넣고 1분간 더
조린 후 체에 밭쳐 식힌다.

14
⑪의 파이 틀에 사과조림을
채운다. 휴지시킨 ⑪의 반죽을
1.5cm 폭으로 길게 썬 다음
파이 위에 격자무늬가 되도록
올린다.

15
볼에 달걀을 푼 다음 붓을 이용해 파이 윗면에 바른다.
파이를 오븐의 가운데 칸에 넣고 170℃에서 10분간
(미니 오븐은 160℃에서 10분간) 굽는다. 색이 골고루 나도록
팬을 꺼내 반대방향으로 돌려 넣고 10분간(미니 오븐도 동일)
더 굽는다. 완전히 식힌 다음 파이 틀에서 파이를 꺼내 먹기
좋게 자른다.

크림치즈 딸기 파이

바삭한 파이 틀 안에 부드럽고 달콤한 크림치즈 필링을 넣고, 그 위에 아이들이 좋아하는
신선한 딸기를 듬뿍 올려 먹음직스러운 파이를 만들어보세요. 모양도 예쁘고 맛도 좋아
아이들이 정말 좋아할 거예요.

① 중력분과 소금을 함께 체에 내린다. 오븐을 170~180℃(미니 오븐은 170℃)로 예열한다.

② 실온에 둔 부드러운 무염 버터는 사방 0.5~1cm 크기로 잘게 썬다.

재료[지름 12cm, 2개분]

파이틀
· 중력분 240g
· 소금 3/4작은술
· 실온에 둔 부드러운 무염 버터 120g
· 달걀노른자 1개분
· 물 2큰술
· 덧밀가루(중력분) 2큰술
· 팥(또는 콩) 1과 1/2컵 (생략 가능)

크림치즈 필링
· 실온에 1시간 이상 둔 부드러운 크림치즈 1통(200g)
· 설탕 40g
· 생크림 30g
· 딸기 24개(500g)

③ 잘게 썬 버터를 ①의 체 친 가루 재료들에 넣고 손으로 비벼가면서 보슬보슬한 상태가 되도록 버무리듯 섞는다.

④ ③에 달걀노른자와 물을 넣고 골고루 섞는다.

⑤ 반죽을 뭉치듯이 꾹꾹 누르면서 반죽한다.

반죽을 너무 많이 주무르면 글루텐이 형성되서 파이를 구웠을 때 바삭한 맛이 없어지니 주의할 것.

⑥ 도마와 밀대에 덧밀가루를 약간 묻히고 반죽을 0.3~0.4cm 두께로 얇게 민다.

⑦ 파이 틀에 반죽을 올려 벽에 반죽이 일정한 두께로 붙도록 꼼꼼히 밀어넣는다. 밀대로 타르트 위를 둘러가며 밀어 틀 밖으로 나온 반죽을 잘라낸다.

남은 반죽은 2주일 정도 냉동 보관할 수 있다. 그대로 구워 비스킷을 만들어도 좋다.

⑧ 파이 반죽 위에 종이 포일을 깔고 팥(또는 콩)을 올린다. 콩은 반죽이 부푸는 것을 막기 위한 것으로 팥(또는 콩)이 없다면 포크로 파이 바닥에 구멍을 여러 번 낸다.

식기 전에 파이를 파이 틀에서 꺼내면 쉽게 깨질 수 있다.

⑨ 170~180℃로 예열된 오븐의 가운데 칸에 넣고 15~20분간(미니 오븐은 170℃에서 15~20분간) 굽는다. 구운 파이는 충분히 식힌 후 파이 틀에서 분리한다.

⑩ 크림치즈와 설탕, 생크림을 골고루 섞어 크림치즈 필링을 만든다.

⑪ 딸기는 깨끗하게 씻어 물기를 제거하고 꼭지를 딴다.

⑫ 구워낸 파이 틀 안에 ⑩의 크림치즈 필링을 채워 넣는다.

⑬ 크림치즈 필링 위에 딸기를 올린 다음 냉동실에 1시간 정도 넣어 굳힌다.

 * baking tip *

파이 틀의 크기는 얼마든지 조절 가능하다. 작은 틀을 이용해서 한입 사이즈로 만들어도 좋고 딸기도 반으로 썰어 다양한 모양을 낼 수 있다. 딸기 대신 키위, 생블루베리를 올려도 좋다.

홈메이드 아이스크림

아이들이 좋아하는 3가지 맛의 홈메이드 아이스크림 만들기

파인애플 요구르트 아이스크림

기존 아이스크림에서 우유의 양을 줄이고 플레인 요구르트를 넣어 만든 아이스크림으로
요구르트의 상큼함과 파인애플이 잘 어울려 셔벗처럼 즐겨도 좋아요.

파인애플 대신
키위나 냉동 망고를
넣어도
잘 어울린다.

재료[4인분]

- 파인애플 링 3조각(200g)
- 떠먹는 플레인 요구르트
  2통(170g)
- 우유 1/3컵(80g)
- 레몬즙 1큰술
- 생크림 1/2컵(100g)
- 설탕 5큰술(50g)

① 파인애플은 사방 0.3cm 크기로 잘게 다진다.
볼에 생크림과 설탕을 제외한 모든 재료를 넣고 골고루 섞는다.

② 다른 볼에 생크림을 넣고 설탕을 2~3번 나눠 넣어가며 단단한 거품을 만든다.
①에 넣고 잘 섞는다.

③ ②를 밀폐 용기에 담아 뚜껑을 덮어 냉동실에서 1시간 정도 얼린다.
살짝 언 아이스크림을 숟가락이나 포크로 골고루 긁는다.
2시간 더 얼리며 중간에 1~2번 더 긁는다.

금속으로 된 밀폐 용기를
사용하면 얼리는 시간을
줄일 수 있다. 셔벗처럼
만들기를 원하면
긁는 과정은 생략한다.

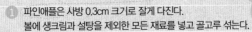

초콜릿 아이스크림

우유와 생크림을 베이스로 녹인 초콜릿을 넣어 초콜릿우유처럼 부드러운
맛이 특징입니다. 오레오 쿠키나 견과류를 더하면 한결 맛있답니다.

가나 초콜릿을 사용할 경우
단맛이 더 강하므로 기호에
따라 생크림에 들어가는
설탕의 양을 가감한다.

재료 [4인분]

· 제과용 다크 커버춰
  초콜릿 50g
  (또는 가나 초콜릿(22g)
  2개)
· 우유 1과 1/4컵(250g)
· 생크림 2/3컵(120g)
· 설탕 5큰술(50g)

1. 다크 커버춰 초콜릿은 칼로 잘게 다진다.
2. 우유는 전자레인지(700W)에서 2분간 데운 다음 ①을 넣고 녹인 후 식힌다.
3. 다른 볼에 생크림을 넣고 설탕을 2~3번 나눠 넣어가며 단단한 거품을 만든다.
   ②의 우유에 넣어 잘 섞는다.
4. ③을 밀폐 용기에 담아 뚜껑을 덮어 냉동실에서 1시간 정도
   얼린다. 살짝 언 아이스크림을 숟가락이나 포크로 골고루 긁는다.
   2시간 더 얼리며 중간에 1~2번 더 긁는다.

얼릴 때 많이
긁어줄수록 부드러운
아이스크림을
만들 수 있다.

블루베리 연유 아이스크림

일반적인 아이스크림에서 설탕의 양을 줄이고 연유를 넣어 만든
아이스크림으로 연유의 은은한 단맛과 블루베리의 향이 잘 어울려요.

냉동 블루베리 대신
냉동 딸기나 복숭아
통조림을 넣어도
잘 어울린다.

재료 [4인분]

· 냉동 블루베리 1컵(100g)
· 설탕 3큰술(30g)
· 우유 1/4컵(50g)
· 레몬즙 2큰술
· 생크림 150g
· 연유 2큰술(30g)

1. 믹서기에 냉동 블루베리, 설탕, 우유, 레몬즙을 넣고
   블루베리의 입자가 보일 정도로 간다.
2. 볼에 생크림을 넣고 연유를 2~3번 나눠 넣어가며 단단한 거품
   (파인애플 요구르트 아이스크림 과정 ② 상태 참고)을 만든다. ①에 넣고 잘 섞는다.
3. ②를 밀폐 용기에 담아 뚜껑을 덮어 냉동실에서 1시간 정도 얼린다.
   살짝 언 아이스크림을 숟가락이나 포크로 골고루 긁는다.
   2시간 더 얼리며 중간에 1~2번 더 긁는다.

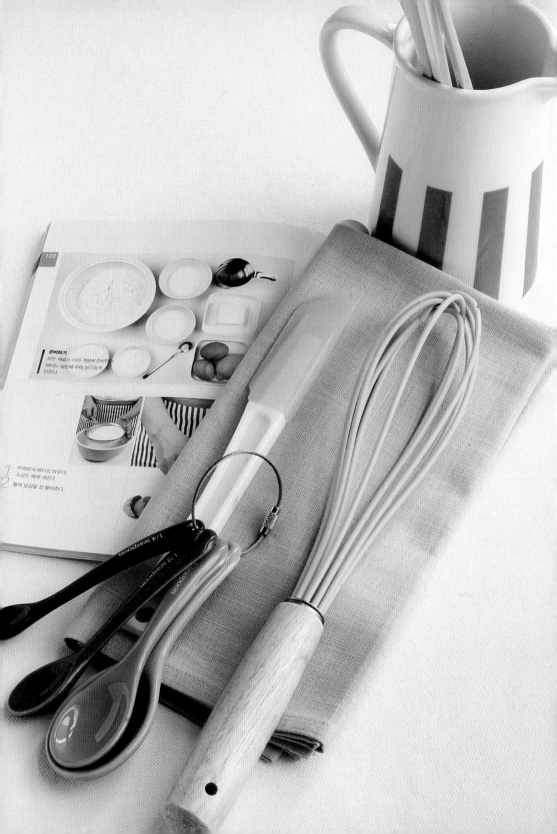

04

Homemade Cake

정성을 가득 담은 홈메이드 케이크

케이크하면 왠지 어려울 것 같다는 왕초보 베이커들의 고민을 해결해 줄
케이크 레시피만 모았습니다. 제과점 케이크 보다 훨씬 맛있고
예쁜 케이크를 만들 수 있답니다. 우리 아이 생일에 엄마가 직접 만든 케이크로
생일 파티를 한다면 아이 친구들이 모두 부러워하겠죠?

키위 요구르트 무스

대표적인 여름과일 키위와 견과류, 요구르트, 치즈 등을 넣어 만든 키위 요구르트 무스는
젤라틴을 넣어 굳혀 먹는 차가운 케이크랍니다. 무스는 굳혀서 만드는 메뉴라 만들기는 쉬워도
굳히는데 3~4시간 정도 걸리니 시간 여유가 있을 때 미리 만들어두세요.

무스(Mousse)란?
생크림이나 달걀, 젤라틴 등을
이용하여 만든 부드러운 크림
형태의 디저트. 보통 빵 시트가
들어가지 않은 크림 형태로
초콜릿이나 과일을 더해
만들어 차게 먹는다.

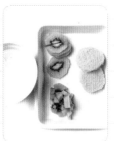

①
판 젤라틴은 찬물에 담가 15분간 불린 후 물기를 꼭 짠다. 키위 1과 1/2개는 잘게 다지고 나머지는 0.6cm 폭으로 반달 썰기한다. 카스텔라는 무스를 담을 용기(컵이나 아이스크림 컵 등)로 찍는다.

②
생크림은 설탕을 3~4번 나누어 넣어가면서 거품기로 저어 부드러운 거품을 만든다. 여기에 크림치즈를 넣고 단단해질 때까지 섞는다.

③
①의 판 젤라틴은 전자레인지(700w)에 10초간 돌려 녹인 후 절반은 ②의 생크림에, 나머지는 요구르트에 넣어 골고루 섞는다.

④
용기 밑바닥에 잘게 다진 키위를 담는다. 위에 ②의 생크림을 짤주머니에 넣고 지름 1cm 크기로 끝부분을 자른 후 1/4분량씩 짠다. 냉장고에서 20분간 굳힌다. 같은 방법으로 하나 더 만든다.

재료 [2인분]

· 키위 2개
· 떠먹는 플레인 요구르트 1통(100g)
· 생크림 75ml
· 설탕 1과 1/2큰술
· 실온에 둔 부드러운 크림치즈 10g
· 판 젤라틴 1장(2g)
· 시판용 카스텔라 (지름 6~7cm, 두께 1cm) 2쪽(70g)
· 아몬드 슬라이스 약간

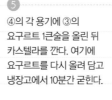

⑤
④의 각 용기에 ③의 요구르트 1큰술을 올린 뒤 카스텔라를 간다. 여기에 요구르트를 다시 올려 담고 냉장고에서 10분간 굳힌다.

⑥
나머지 생크림을 각 용기에 짠 다음 냉장고에서 3시간 정도 굳힌다. 위에 반달 썬 키위와 아몬드 슬라이스를 올려 장식한다.

밤 파운드 케이크

시판용 맛밤으로 사랑스러운 우리 아이의 간식을 준비해보세요. 촉촉한 케이크 시트 속에
영양 만점 맛밤을 통째로 넣은 파운드 케이크랍니다. 따뜻한 우유 한 잔을 곁들이면 학원가기 전
한참 출출할 아이들 간식으로 제격이에요.

1 박력분과 베이킹파우더를 함께 체에 내린다. 오븐은 170℃(미니 오븐도 동일)로 예열한다.

2 실온에 둔 부드러운 버터에 설탕을 넣어 골고루 섞는다.

3 ②에 달걀을 1개씩 넣어가며 마요네즈 정도의 질감이 될 때까지 핸드믹서로 섞는다.

4 ③에 ①의 체 친 가루 재료들을 넣어 가볍게 섞는다. 우유를 붓고 잘 섞은 후 맛밤을 넣고 골고루 섞는다.

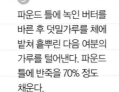

재료[중간사이즈 파운드 틀 1개분]

· 박력분 200g
· 베이킹파우더 1과 1/2작은술
· 실온에 둔 부드러운 버터 150g
· 설탕 130g
· 달걀 3개
· 우유 2큰술
· 시판용 맛밤 2팩(160g)
· 녹인 버터 1큰술
· 덧밀가루(박력분) 1큰술
· 식용유 1/2작은술

5 파운드 틀에 녹인 버터를 바른 후 덧밀가루를 체에 밭쳐 흩뿌린 다음 여분의 가루를 털어낸다. 파운드 틀에 반죽을 70% 정도 채운다.

6 주걱에 식용유 1/2작은술을 펴 바른 다음 반죽의 가운데 부분을 길게 가로질러 선을 긋는다. 170℃로 예열된 오븐의 가운데 칸에 넣어 30~35분간(미니 오븐도 동일) 굽는다.

찹쌀 케이크

일가루와 버터 대신 찹쌀가루로 만들어 맛이 담백하고 식감이 특별한 케이크입니다.
쫀득하면서도 바삭하게 구운 떡을 먹는 기분이 들지요. 팥 앙금, 오도독 씹히는 견과류까지 듬뿍
들어 있어 아이들 건강 간식이나 선생님께 드리는 선물용으로도 그만입니다.

① 호두와 밤은 사방 0.5cm 크기로 썬다. 케이크 틀에 종이 포일을 깐다. 오븐은 180℃(미니 오븐 170℃)로 예열한다.

② 볼에 찹쌀가루, 베이킹파우더, 소금, 설탕을 넣은 다음 우유를 넣으면서 섞는다.

③ ②에 해바라기씨, 호박씨, 호두, 밤, 팥 앙금을 넣고 잘 섞는다.

④ 케이크 틀의 바닥에 맞춰 종이 포일을 오린다. 테두리 폭에 맞춰 길게 종이 포일을 자른 뒤 가장자리에 가위집을 넣어 두르고 바닥에 맞춰 오린 종이 포일을 깐다.

⑤ 케이크 틀에 ③의 반죽을 붓는다.

⑥ 장식용 피칸을 ⑤의 반죽 위에 올린다.

재료[지름 18cm, 2호 케이크, 1개분]

· 시판용 찹쌀가루 300g
· 베이킹파우더 3g
· 소금 3g
· 설탕 60g
· 우유 330g
· 해바라기씨 20g(생략 가능)
· 호박씨 20g(생략 가능)
· 호두 80g
· 시판용 맛밤 80g
· 팥 앙금 80g
  (또는 팥빙수용 팥)
· 피칸(또는 호두) 20g
  (장식용)

⑦ 180℃로 예열된 오븐의 아래 칸에 케이크 틀을 넣어 45분간(미니 오븐은 170℃에서 55분간) 구운 후 꺼내 식힘망에서 식힌다. 케이크가 식으면 틀에서 꺼내 먹기 좋은 크기로 자른다.

찹쌀케이크를 구운 후 완전히 식힌 다음 잘라야 반듯하게 잘라진다.

딸기 치즈크림 롤 케이크

붉게 잘 익은 딸기는 보고만 있어도 그 새콤달콤함이 전해져 군침이 돕니다. 부드러운 치즈크림 위에 제철 맞은 딸기를 얹어 돌돌 만 롤 케이크로 한입 베어 먹으면 그 상큼함에 기분도 좋아질 거예요. 맛은 물론 모양도 예뻐 아이들도 반한 사랑스러운 케이크랍니다.

재료[지름 8cm, 길이 30cm, 1개분]

· 달걀 4개
· 딸기 7~10개
· 레몬 1개
· 박력분 100g
· 설탕 ① 100g(시트용)
· 설탕 ② 60g(설탕 시럽용)
· 설탕 ③ 20g(치즈크림용)
· 물 60g(설탕 시럽용)
· 실온에 둔 부드러운
  크림치즈 200g
· 떠먹는 플레인 요구르트
  1통(100g)

①
달걀은 큰 볼에 흰자와 노른자를 각각 분리하고 딸기는
꼭지를 썰어 버린다. 레몬은 껍질을 깨끗이 씻은 다음 노란
껍질만 얇게 벗겨 칼로 잘게 다지고 박력분을 체에 내린다.
오븐 팬에 종이 포일을 깔고, 오븐을 180℃(미니 오븐도
동일)로 예열한다.

②
달걀노른자와
설탕①(시트용)의 1/2분량,
다진 레몬 1/2분량을 넣고
되직한 크림 상태가 될
때까지 거품기로 젓는다.

③
달걀흰자를 거품기로 빠르고
세게 쳐 거품을 만든다.
거품이 만들어지기 시작하면
남은 설탕①(시트용)을 3번
나누어 넣어가며 거품을
들어 올렸을 때 뿔이 서는
상태가 될 때까지 거품기로
친다.

④
②에 ③의 달걀흰자 거품의
1/2분량을 넣어 거품기로 잘
휘저은 후 박력분을 나누어
가며 골고루 섞는다.

⑤
④에 나머지 달걀흰자 거품을
넣고 거품이 가라앉지 않도록
조심스럽게 주걱으로 섞는다.

⑥
오븐 팬(30×22×2cm)에
⑤의 반죽을 부어 주걱으로
평평하게 편 후 예열된
오븐의 가운데 칸에
넣고 7분간(미니 오븐도
동일) 굽는다. 팬을 꺼내
반대방향으로 돌려 넣고
3~5분간(미니 오븐도 동일)
더 굽는다. 구운 시트의
종이 포일이 식힘망 바닥에
닿도록 올린다. 젖은 면보를
시트 위에 덮어 마르지 않게
식힌다.

⑦
냄비에 설탕②(설탕
시럽용)와 물(설탕 시럽용)을
넣고 잘 저은 후 센 불에서
끓인다. 끓기 시작하면 바로
불을 끄고 식혀서 시럽을
완성한다. 볼에 크림치즈를
넣고 주걱으로 부드럽게
푼 후 플레인 요구르트와
설탕③(치즈크림용),
나머지 다진 레몬을 섞어
치즈크림을 만든 후
랩을 씌워 냉장고에 보관한다.

⑧
⑥의 시트 위의 면보를
걷어 낸 후 시트를 뒤집어
붙어있는 종이 포일을
조심스럽게 벗긴다. 새로운
종이 포일을 시트보다 크게
자르고 갈색 표면이 위로
가도록 시트를 올린다.
제빵용 칼로 갈색 표면을
평평하게 정리한다.

⑨ 시트 위에 ⑦의 설탕 시럽이 잘 스며들도록 붓으로 눌러가며 바른다.

⑩ 시트 위에 냉장고에 둔 ⑦의 치즈크림을 골고루 펴 바른 후 딸기를 사진처럼 올린다. 시트 끝부분을 조금 남기고 치즈크림을 발라야 롤을 말았을 때 치즈크림이 빠져 나오지 않는다.

⑪ 시트 밑에 깔린 종이 포일의 끝을 잡아 1/2 바퀴를 만다. 종이 포일을 놓고 시트를 살살 눌러가며 끝까지 돌돌 말아 모양을 잡는다.

⑫ 시트가 마르지 않도록 종이 포일 양쪽의 끝 부분을 접는다. 냉장고에 넣어 1시간 정도 두고 형태를 굳힌 다음 먹기 좋은 크기로 자른다.

★ 표지 레시피 ★

초코크림 롤 케이크

재료[23 X 34cm 크기, 사각 팬 1개분]
· 박력분 21g
· 코코아가루 (무가당, 베이킹용) 21g
· 옥수수전분 21g
· 달걀노른자 98g (약 4와 1/2개분)
· 달걀흰자 105g (약 3과 1/2개분)
· 설탕① 49g
· 설탕② 53g
· 녹인 버터 49g

크림
· 생크림 170g
· 슈가파우더 (또는 설탕 같은 것) 17g

① 박력분, 코코아가루, 옥수수전분을 함께 체에 내린다. 오븐을 170~180℃(미니 오븐은 170℃)로 예열한다.

② 달걀흰자를 거품기로 바르고 세게 쳐 거품을 안든다. 설탕②를 3번 나누어 넣어가며 거품이 뿔이 서는 상태가 될 때까지 거품기로 친다.

③ 다른 볼에 달걀노른자와 설탕①을 넣고 되직한 크림 상태의 연 노란색이 날 때까지 거품기로 젓는다.

④ ③에 녹인 버터를 넣고 주걱으로 섞는다.

⑤ ④에 ①의 체친 가루 재료를 나누어 넣어 가볍게 섞는다. ②의 달걀흰자 거품 1/2분량을 넣어 잘 휘젓는다.

⑥ 나머지 ②의 달걀흰자 거품을 넣은 후 거품이 가라앉지 않도록 조심스럽게 주걱으로 살살 섞는다. 오븐 팬에 종이 포일을 깔고 반죽을 부어 주걱으로 평평하게 한다.

⑦ 170~180℃로 예열된 오븐의 가운데 칸에 넣고 10분간(미니 오븐은 170℃에서 10분간) 구운 후 오븐에서 뺀다. 식힘망 위에 종이 포일이 바닥에 닿도록 올려 젖은 면보를 시트 위에 덮어 마르지 않게 식힌다.

⑧ 볼에 생크림을 넣고 거품을 내다가 슈가파우더를 2번에 나누어 넣는다. 뿔이 서는 상태가 될 때까지 거품을 올린 다음 냉장고에 보관한다.

⑨ 나머지 과정은 '딸기 치즈크림 롤 케이크'의 ⑦~⑫번 과정과 동일하다 (단, 시럽을 바르는 ⑨번 과정은 제외).

고구마 바나나 케이크

달콤함과 고소함이 일품인 고구마 케이크에 바나나를 넣어 바나나 향기가 솔솔 나는 촉촉한
케이크입니다. 고구마는 부드러운 생크림과 조화를 잘 이루는데요, 은은한 단맛이 나서
쉽게 질리지 않는답니다.

① 고구마는 껍질을 벗겨 사방
3cm 크기로 썬다. 냄비에
고구마가 잠길 정도의 물을
붓고 센 불에서 끓이다가 물이
끓어오르면 중간 불로 줄여
10분 정도 삶는다. 고구마를
뜨거울 때 곱게 으깬다.

② 박력분과 베이킹파우더를
함께 체에 내린다.

③ 통아몬드는 굵직하게
다진다. 오븐을 170℃(미니
오븐은 160~170℃)로
예열한다.

재료[지름 18cm,
2호 케이크 1개분]

· 고구마(중간 크기) 1개(200g)
· 박력분 120g
· 베이킹파우더 1/2작은술
· 달걀 2개
· 설탕 50g
· 물엿 2큰술(20g)
· 녹인 버터 2큰술
· 바나나 2개
· 꿀(또는 올리고당) 2큰술

크림
· 생크림 360g
· 설탕 40g

토핑
· 통아몬드 1과 1/2컵
· 시판용 카스텔라
  (지름 6~7 cm, 두께 1cm)
  1과 1/2쪽(50g)

④ 볼에 달걀을 넣고
핸드믹서를 이용해 1~2분
정도 거품을 낸다.

⑤ ④에 설탕과 물엿을 넣고
골고루 휘젓는다.

⑥ ⑤에 녹인 버터를 넣고 골고루
섞는다.

⑦ ⑥에 ②의 체 친 가루 재료들을 넣고 잘 섞는다.

⑧ 케이크 틀의 바닥에 맞춰 종이 포일을 오린다. 테두리 폭에 맞춰 길게 종이 포일을 자른 뒤 가장자리에 가위집을 넣어 두르고 바닥에 맞춰 오린 종이 포일을 깐다.

⑨ ⑧의 반죽을 붓고 케이크 틀을 바닥에 탁탁 내려 쳐 표면을 평평하게 한다. 170℃로 예열된 오븐의 가운데 칸에 넣고 30~35분간(미니 오븐은 160~170℃에서 30~35분간) 굽는다.

생크림을 떠서 올렸을 때 생크림이 떨어지지 않을 정도로 단단해질 때까지 거품을 낸다.

⑩ 생크림에 설탕을 넣고 핸드믹서를 이용해 거품을 내 크림을 만든다.

⑪ 거품을 올린 ⑩의크림 5~6큰술 정도를 덜어 볼에 담아 랩을 씌운 후 냉장고에 보관한다(⑰번 과정에 사용). 나머지 크림에 으깬 고구마를 섞어 고구마 반죽을 만든다.

⑫ 바나나는 껍질을 벗겨 1cm 폭으로 썬다.

13
카스텔라는 체에 내려
고운 가루를 만든다.

14
오븐에서 케이크 틀을 꺼내
틀에서 케이크를 빼낸다.
가장자리 포일만 벗겨
바닥에 깐 종이 포일이
바닥에 닿도록 식힘망에
올려 식힌다. 케이크를
완전히 식힌 후 제빵용 칼로
가로로 2등분한 후 한쪽
면에 꿀(또는 올리고당)을
붓(또는 스패튤라)으로
눌러가며 바른다.

15
꿀을 바른 면에 ⑪의
고구마 반죽을 펴 바른 다음
바나나를 깐다.

16
⑮의 위에 나머지 케이크의
꿀을 바른 면이 아래로
오도록 덮는다.

17
케이크 겉면에 스패튤라를
이용해 냉장고에 남겨 놓은
⑪의 크림을 펴 바른다.

18
케이크 옆면에는 다진
아몬드를 바르고 윗면에는
카스텔라 가루를 골고루
뿌린다.

초콜릿 케이크

아이들이 가장 좋아하는 쵸콜릿 케이크. 시판 제품들의 경우, 대부분 코코아가루를 넣은 스폰지 케이크인데요, 대신 녹인 쵸콜릿을 넣어 진하면서도 달지 않은 정통 쵸콜릿 케이크를 만들어보세요. 인공 색소가 많은 체리 대신 포도를 올리고당에 조려 곁들이면 한결 폼난답니다. 이 케이크는 생크림을 바르지 않고 그냥 먹어도 맛있어요.

1
다크 커버춰 초콜릿과
버터는 사방 2cm 크기로
썬 뒤 내열 용기에 넣고
전자레인지(700W)에서
1분간 녹인다. 오븐은
160~170℃(미니 오븐은
160℃)로 예열한다.

2
박력분과 코코아가루를
함께 체에 내린다.

재료[지름 18cm, 2호 케이크 1개분]

· 제과용 다크 커버춰
  초콜릿 100g
· 버터 80g
· 박력분 30g
· 코코아가루(무가당,
  베이킹용) 50g
· 달걀노른자 4개분
· 설탕 60g
· 생크림 60g

달걀흰자 거품
· 달걀흰자 4개분
· 설탕 80g

포도 조림(생략 가능)
· 포도(씨 없는 것) 150g
· 올리고당 2큰술
· 뜨거운 물 1큰술

크림
· 냉장고에 둔 차가운 생크림
  190g
· 슈가파우더
  (또는 설탕 간 것) 25g

장식용
· 장식용 초콜릿 약간
· 포도 약간

3
볼에 달걀노른자를 넣고
거품기로 푼다. 설탕을
3~4번 나눠서 넣는다.

4
③에 ①을 넣고 거품기로
골고루 섞은 뒤 ②의
체 친 가루 재료들을 조금씩
넣어가며 고루 섞는다.

파스텔 색상으로
변할 때까지 저어
되직해질 때까지
거품을 낸다.

⑤
④의 반죽에 생크림(60g)을 넣고 거품기로 골고루 섞는다.

⑥
다른 볼에 달걀흰자를 담고 거품기로 빠르고 세차게 친다. 거품이 생기기 시작하면 설탕(달걀흰자 거품용) 1/3 분량을 넣고 다시 힘차게 친다.

⑦
나머지 설탕(달걀흰자 거품용)은 2번 나눠 넣고 계속 거품기로 친다. 거품을 들어올렸을 때 뿔이 서는 상태가 될 때까지 친다.

⑧
⑦의 달걀흰자 거품의 1/3 분량을 ⑤의 반죽에 넣고 주걱으로 잘 섞는다. 나머지 달걀흰자 거품을 넣고 주걱으로 자르듯 반죽과 흰자 거품을 아래에서 위로 걷어 올리며 살살 섞는다.

기호에 따라 포도 조림은 생략해도 된다.

[포도 조림 만들기]

⑨
케이크 틀의 바닥에 맞춰 종이 포일을 오린다. 테두리 폭에 맞춰 길게 종이 포일을 자른 뒤 가장자리에 가위 집을 넣어 두르고 바닥에 맞춰 오린 종이 포일을 깐다.

⑩
케이크 틀에 ⑧의 반죽을 붓고 바닥에 탁탁 내려 쳐 표면을 평평하게 한다. 170℃로 예열된 오븐에 넣어 35~40분간(미니 오븐은 160℃에서 35~40분간)굽는다.

이쑤시개로 찔러 반죽이 묻어 나오지 않으면 된다.

⑪
시트를 굽는 동안 포도를 반으로 썬다. 냄비에 포도, 올리고당을 넣고 약한 불에서 7분간 조린다. 센 불로 올린 뒤 뜨거운 물 1큰술을 넣어 농도를 맞춘다.

⑫
⑩을 오븐에서 꺼내 케이크
틀에서 케이크를 빼낸 후
가장자리 종이 포일만
벗긴다. 식힘망에 바닥에 깐
종이 포일이 닿도록 올려
식힌다.

⑬
볼에 차가운 생크림
(190g)을 붓고 거품기로
친다. 거품이 생기기
시작하면 슈가파우더를
조금씩 넣어가며 거품기로
친다. 뿔이 서는 상태가
되면 랩을 씌워 냉장고에
15분간 보관한다.

⑭
시트가 식으면 바닥의
종이 포일을 떼어낸 뒤
제빵용 칼로 케이크 위의
울퉁불퉁한 면을 잘라
정리한다. 가로로 2등분
하고 시트 한 장에 ⑪의
조린 포도를 골고루 올린
뒤 다른 시트를 올린다.

⑮
스패튤라로 시트 윗면과
옆면에 냉장고에 둔 ⑬의
크림을 바른 뒤 윗면과
옆면에 장식용 초콜릿을
뿌린다.

⑯
짤주머니에 깍지를 끼우고
⑮의 남은 크림을 넣어
케이크 위에 조금씩 짠 다음
장식용 포도를 한 알씩
올린다.

아이스 초코 치즈 케이크

아이들이 좋아하는 시판 아이스크림 케이크처럼, 초코 스폰지 케이크 시트 사이에 치즈 필링을
샌드해 차갑게 얼려 먹는 케이크랍니다. 얼려도 부드러운 질감을 그대로 느낄 수 있고, 레몬즙을
넣어 뒷맛이 상큼해 더욱 맛있답니다.

자르기

종이 포일을 잘라
틀에 끼울 때
양쪽으로 접힌 날개 부분이
틀과 맞닿도록 한다.

①
종이 포일 위에 정사각 틀을
올려 놓고 정사각 틀에 맞게
접은 다음 사진처럼 자른다.

②
종이 포일을 틀에 끼운다.
틀에 끼울 종이 포일을
한 장 더 만들어 놓는다
(⑰번 과정에 사용).
오븐은 170℃(미니 오븐도
동일)로 예열한다.

재료[18 x 18cm,
팬 1개분]

· 박력분 50g
· 코코아가루
  (무가당, 베이킹용) 35g
· 달걀 200g(4개분)
· 설탕 100g
· 생크림(또는 휘핑크림)
  50g

시럽
· 설탕 2큰술
· 물 4큰술

치즈 필링
· 크림치즈 200g
· 떠먹는 플레인 요구르트 85g
· 설탕 70g
· 레몬즙 1큰술(레몬 1/4개분)
· 생크림(또는 휘핑크림)
  1/2컵(100ml)
· 판 젤라틴 3장(6g, 1장당 2g)
· 슈가파우더 약간(생략 가능)

반죽 표면 위에 8자를 그어
그 모양이 2~3초 정도 유지되는 정도까지
거품을 낸다. 설탕이 녹을 때까지
중탕하면서 거품을 올리면 달걀 비린내도
제거되고 설탕이 골고루 녹아
시트가 훨씬 부드러워진다. 단, 너무
높은 온도에서 중탕을 하면 달걀이
익어버릴 수 있으니 주의할 것.

③
박력분과 코코아가루를
함께 체에 내린다.

④
볼에 달걀을 넣고 거품기
(또는 핸드믹서)로 푼다.
설탕을 3~4번에 나눠서
넣어가며 파스텔 색상으로
변할 때까지 8~10분 정도
젓는다. 거품을 90%
(되직해질 정도)까지 올린다.

거품이 꺼지지 않도록
선을 긋듯이
주걱으로
조심스럽게 섞는다.

휘핑크림은
휘핑하지 않고
바로 넣어도
된다.

⑤ ④에 ③의 체 친 가루
재료들을 넣고 가루가
보이지 않을 정도만
주걱으로 가볍게 섞는다.

⑥ 생크림(또는 휘핑크림,
50g)은 떠먹는 요구르트
농도 정도로 휘핑한
다음 ⑤에 넣고 주걱으로
골고루 섞는다.

⑦ ②의 틀에 ⑥의 반죽을 부어
주걱으로 윗면을 평평하게
편 다음 170℃로 예열된
오븐의 아래 칸에 넣고
25분(미니 오븐은 170℃에서
30분)간 굽는다. 남은 열에
5분간 놔두었다가 오븐에서
꺼낸다.

⑧ 구운 시트는 한 김 식힌
후 종이 포일을 떼어낸 뒤
식힘망에 올려 식힌다.

가로로 2등분할 때
시트의 옆면을
돌려가면서 사방으로
2등분이 되게 칼집을 내야
두께가 균일해진다.

⑨ 시트가 식는 동안 냄비에
설탕 2큰술과 물 4큰술을
넣고 저으면서 센 불로
끓인다. 끓어오르면 약한
불로 줄여 3분간 끓이다가
설탕이 녹으면 불을 끄고
식혀 시럽을 만든다.

⑩ 시트가 식으면 제빵용 칼로
시트 위의 울퉁불퉁한
면을 정리한 후 가로로
2등분한다.

⑪ 치즈 필링이 들어가는
안쪽에 붓으로 눌러가며
⑨의 시럽을 바른다.

[치즈 필링 만들기]

⑫
판 젤라틴은 찬물에 담가
흐물흐물해질 때까지
(약 15분간) 불린 다음 건져
스테인리스 볼에 담는다.

⑬
중탕할 냄비에
판 젤라틴을 담은
볼을 올려 물처럼
녹인다.

판 젤라틴은 동물성 원료를
이용하여 추출한것으로 무스 케이크,
아이스크림, 젤리 등을 만들 때
사용된다. 대형마트의 베이킹 코너,
제과제빵 재료 판매처 등에서
한 봉지(20g, 12장)에
2~4천 원 대에 판매된다.

⑭
크림치즈와 떠먹는 플레인
요구르트를 섞어 부드럽게
만든 다음 설탕, 레몬즙, ⑬의
젤라틴을 넣고 골고루 섞는다.

⑮
다른 볼에 치즈 필링용
생크림(또는 휘핑크림)
1/2컵을 붓고 거품이
뿔이 서는 상태가 될 때까지
거품을 낸다.

⑯
⑭에 ⑮의 생크림(또는
휘핑크림)을 넣고 거품이
꺼지지 않도록 주걱으로
가볍게 섞어 치즈 필링을
만든다.

⑰
시트를 구운 정사각 틀에
여분의 종이 포일을 끼운
다음 ⑪의 시트 한 장을 깐다.
그 위에 ⑯의 치즈 필링을
붓는다. 주걱으로 평평하게
편 후 그 위에 반으로 자른
나머지 시트의 자른 면이
위로 오도록 올려 냉동실에
넣고 1시간 정도 얼린다.

⑱
냉동실에서 ⑰을 꺼낸 다음
종이 포일을 벗긴 후 1.5cm
폭으로 썬다. 기호에 따라
슈가파우더를 뿌린다.

컵 케이크

귀여운 동물 모양으로 꾸며 아이들이 정말 좋아할 만한 컵 케이크랍니다. 쵸콜릿 칩과
블루베리 잼을 섞어 두 가지 맛을 낸 컵 케이크 위에 크림치즈와 쵸콜릿 프로스팅을 발라
모양과 맛 모두 재미를 주었습니다. 아이들과 함께 추억을 만들어 보세요.

프로스팅(Frosting)이란?
버터나 생크림, 우유, 달걀,
슈가파우더 등을 혼합해 크림 상태
로 만든 혼합물이다. 프로스팅을 바
를 때는 반드시 컵케이크를 완전히
식힌 후에 발라야 한다. 그렇지 않
으면 녹아내려 형태가 볼품
없이 바뀐다.

핸드믹서를 이용할 경우 5분간 섞는다. 설탕을 3번에 나눠 넣어야 버터와 설탕이 골고루 잘 섞인다.

[컵케이크 만들기]

재료[12개분]

반죽
· 박력분 280g
· 베이킹파우더 4g
· 소금 2g
· 실온에 둔 달걀 120g
· 실온에 둔 부드러운 무염 버터130g
· 설탕 220g
· 실온에 둔 우유 150g
· 블루베리 잼 15g
· 초콜릿 칩 25g

크림치즈 프로스팅
· 실온에 둔 부드러운 크림치즈150g
· 실온에 둔 부드러운 무염 버터 120g
· 슈가파우더 100g

쇼콜릿 프로스팅
· 생크림 32g
· 올리고당 9g
· 제과용 다크 커버춰 초콜릿 80g

장식용
· 초콜릿 칩 약간
· 쿠키 약간

①

박력분, 베이킹파우더, 소금을 함께 체에 내린다. 볼에 실온에 둔 달걀을 잘 풀어둔다. 오븐은 180℃(미니 오븐 170℃)로 예열한다.

② 볼에 실온에 둔 부드러운 무염 버터를 넣고 거품기를 이용해 부드럽게 풀고 설탕을 3번에 나눠 넣으면서 설탕이 거의 녹을 때까지 섞는다.

옹글옹글 분리되면 체친 가루를 조금 넣고 섞는다.

③ ②의 볼에 ①의 달걀물을 10번에 나누어 조금씩 넣으면서 분리되지 않도록 재빠르게 많이 휘젓는다.

④ ③의 볼에 ①의 체 친 가루 재료들과 우유를 번갈아 가며 5번에 나누어 넣으면서 주걱으로 자르듯이 잘 섞는다.

⑤ ④의 반죽의 양을 반으로 나눈 후 각각 블루베리 잼과 초콜릿 칩을 넣고 잘 섞는다.

⑥ 머핀 틀에 머핀 컵을 한 개씩 깐다. 각각의 반죽을 짤주머니에 넣어 머핀 틀의 80% 정도만 채운다. 예열한 오븐의 위 칸에 머핀 틀을 넣고 20분간(미니 오븐은 170℃에서 20분간) 구운 후 꺼내 식힘망에서 식힌다.

[크림치즈 프로스팅 ⑦
만들기]

실온에 둔 부드러운
크림치즈와 무염 버터를
거품기로 푼 다음
슈가파우더를 넣고 잘
섞는다.

[초콜릿 프로스팅 ⑧
만들기]

냄비에 생크림과
올리고당을 넣고 중간
불에서 끓인다. 끓어오르면
불을 끈 다음 다크 커버춰
초콜릿을 넣고 잘 섞은 후
식힌다.

[프로스팅바르기] ⑨

⑥의 컵 케이크 위에
스패튤라를 이용해 각각의
프로스팅을 매끄럽게 바른다.

⑩

⑨의 프로스팅 위에
초콜릿 칩과 쿠키로 귀와 눈,
코를 장식한다. 모양 깍지
(지름 5mm)를 끼운
짤주머니에 프로스팅을 넣은
후 눈썹과 입을 그린다.

* baking tip *

*양모양으로 프로스팅바르기
별 깍지와 원형 깍지를 끼운 2개의 짤주머니에
크림을 넣는다. 별 깍지 짤주머니로 힘을 빼고
돌리연서 전체적으로 프로스팅을 바른다.
원형 깍지 짤주머니를 수직으로 세워
제자리에서 꼭 누르듯이 짜연서 얼굴과 귀,
발을 장식한다. 다시 별 깍지 짤주머니로
양머리를 형상화하듯 장식한다.

크리스마스 구겔호프 케이크

왕관 모양의 화려한 구겔호프 틀을 이용해 별다른 장식이 없어도 크리스마스 느낌이
물씬 나는 케이크입니다. 머핀과 카스텔라의 중간 정도 느낌으로 버터가 들어가 부드럽고
촉촉할 뿐만 아니라 아이싱까지 입혀져 마치 눈 내리는 모습이 연상되지요.

① 박력분, 아몬드가루, 베이킹파우더, 코코아가루를 함께 체에 내린다. 오븐을 170℃(미니 오븐은 160℃)로 예열한다.

② 실온에 둔 부드러운 버터는 거품기로 마요네즈 정도의 질감이 되도록 설탕(100g)을 넣고 잘 섞는다.

③ ②에 달걀노른자를 하나씩 넣으며 잘 섞는다.

재료[지름 16cm, 구겔호프 틀 1개분]

- 박력분 137g
- 아몬드가루 100g
- 베이킹파우더 1작은술
- 코코아가루(무가당, 베이킹용) 13g
- 실온에 둔 부드러운 버터 150g
- 설탕 100g
- 달걀노른자 5개
- 우유 60g
- 달걀흰자 5개
- 설탕(머랭용) 50g
- 녹인 버터 1큰술
- 덧밀가루(박력분) 2큰술

아이싱
- 달걀흰자 2개
- 슈가파우더 190g
- 박력분 20g

장식용
- 지팡이 사탕 약간
- 컬러 젤리 약간

3배 분량이 되고 뿔이 서는 상태가 될 때까지 휘핑한다.

④ ③에 ①의 체 친 가루 재료들을 우유와 번갈아 가며 잘 섞는다.

⑤ 달걀흰자에 설탕(머랭용, 50g)을 나누어 넣으면서 휘핑하여 단단하게 만든다.

⑥ ⑤의 1/2분량을 ④에 섞어
가볍게 섞은 뒤 나머지 ⑤를
넣어 다시 가볍게 섞는다.

⑦ 구겔호프 틀에 녹인 버터를
바르고 덧밀가루를 체에
받쳐 흩뿌린 후 여분의
가루를 털어낸다.

⑧ 틀에 ⑥의 반죽을 담고
170℃로 예열된 오븐의
가운데 칸에 넣고 35분간
(미니 오븐은 160℃에서
30~35분간)굽는다.

⑨ 굽는 동안 아이싱용
달걀흰자와 슈가파우더,
박력분을 섞어 아이싱을
만든다.

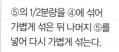

⑩ 장식용 지팡이 사탕은
위생팩에 넣어 밀대로
큼직하게 부수고, 컬러
젤리는 칼로 큼직하게
다진다.

⑪ 케이크가 다 구워지면
뜨거울 때 구겔호프 틀을
뒤집어 꺼내 식힘망 위에서
식힌다.

⑫ 케이크가 식으면 아이싱을
위에서 뿌려 자연스럽게
흘러내리도록 한다.

⑬ ⑩의 장식용 지팡이 사탕과
젤리를 아이싱 위에 올려
장식한다.

케이크 팝

아이를 위한 특별한 날에는 빵집에서 파는 예쁜 케이크도 좋지만 맛도 모양도 좋은 케이크 팝을
만들어보면 어떨까요? 롤리팝처럼 케이크를 동그랗게 말아 스틱에 꽂아 장식해 하나씩 들고 먹는
재미가 쏠쏠하답니다. 보기만 해도 기분이 좋아지는 사랑스러운 케이크예요.

버터의 색상은 브랜드별로 약간의 차이가 있어 아이보리 색상이 안 날수도 있다.

[준비하기]

케이크 팝에 꽂을 스틱과 스티로폼을 준비한다.

[쵸코 파운드케이크]

①

오븐은 180℃(미니 오븐 170℃)로 예열한다. 박력분, 코코아파우더, 베이킹파우더를 함께 체에 내린다. 큰 볼에 핸드믹서로 실온에 둔 부드러운 버터를 마요네즈 정도의 질감이 될 때까지 풀어준다.

②

①의 버터에 설탕을 2번에 나누어 넣고 핸드믹서로 아이보리 색상이 될 때까지 충분히 섞는다.

재료[16개분]

쵸코 파운드 케이크
· 박력분 110g
· 코코아가루 10g(무가당, 베이킹용)
· 베이킹파우더 3g
· 실온에 둔 부드러운 버터 100g
· 설탕 75g
· 실온에 둔 달걀 2개(100g)
· 우유 1큰술
· 인스턴트 커피 2작은술

크림치즈 프로스팅
· 실온에 둔 부드러운 버터 30g
· 실온에 둔 부드러운 크림치즈 65g
· 슈가파우더 90g

장식용
· 코팅용 다크 초콜릿 150g
· 코팅용 화이트 초콜릿 150g
· 스프링클 약간
· 초코릿 칩 약간
· 초코볼 약간
· 컬러 젤리 약간
· 초콜릿 펜

인스턴트 커피는 생략 해도 좋다.

달걀은 먼저 1개를 넣어 반죽과 충분히 섞은 후 나머지 1개를 넣어야 반죽이 분리되지 않는다.

③

②의 볼에 실온에 둔 달걀을 하나씩 넣고 반죽 속에 충분히 섞이도록 핸드믹서로 섞는다.

④

③의 반죽에 ①의 체 친 가루 재료들을 넣고 주걱으로 자르듯이 가볍게 섞는다. 우유에 인스턴트 커피를 넣고 전자레인지(700W)에 15초간 돌려 녹인다. 반죽에 넣고 자르듯이 주걱으로 가볍게 섞는다.

⑤

종이 포일은 케이크 틀(18×18cm)의 크기에 맞게 잘라 틀에 넣고 ④의 반죽을 부어 주걱으로 윗면을 평평하게 한다. 180℃로 예열된 오븐에 아래 칸에 넣고 18~20분간 (미니 오븐 170℃에서 20분간) 굽는다. 구운 쵸코 파운드 케이크는 완전히 식힌 다음 종이 포일을 떼어낸다.
★ 종이 포일을 끼우는 방법 113쪽 ①, ②번 과정 참고.

⑥ 실온에 둔 부드러운 버터를 핸드믹서로 마요네즈 정도의 질감이 될 때까지 풀어준다.

⑦ ⑥에 실온에 둔 부드러운 크림치즈를 넣고 다시 핸드믹서로 부드러운 크림 상태가 될 때까지 풀어준다.

⑧ ⑦의 볼에 슈가파우더를 넣어 주걱으로 섞는다. 가루가 보이지 않도록 섞어 크림치즈 프로스팅을 만든다.

고운 체보다 굵은 체를 이용하면 더 쉽게 케이크 가루를 내릴 수 있다. 분쇄기(커터기)에 넣어 갈면 더 쉽게 케이크 가루를 만들 수 있다.

⑨ 초코 파운드 케이크는 작은 덩어리로 잘라 굵은 체에 내려 고슬고슬한 상태로 만든다.

⑩ 체에 내린 케이크 가루에 ⑧의 크림치즈 프로스팅을 넣고 주걱으로 한 덩어리가 되도록 섞는다.

⑪ ⑩의 케이크 반죽을 지름 3cm 정도로 동그랗게 빚는다.

⑫ 코팅용 다크 · 화이트 초콜릿은 각각 볼에 넣는다. 그보다 큰 볼에 뜨거운 물을 부어 볼을 올린 후 중탕하여 녹인다.

⑬ 스틱 끝 부분에 녹인 초콜릿을 2cm 정도 묻히고 묻힌 쪽을 ⑪의 반죽 가운데에 2/3 정도 깊이로 꽂아 냉장고에서 10분간 굳힌다.

스틱과 케이크가 고정되어야 쵸콜릿 코팅을 하기 쉽다.

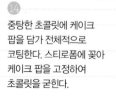

스프링클을 전체적으로 바르려면 쵸콜릿이 굳기 전에 전체적으로 묻혀 굳힌다.

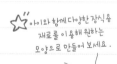

아이와 함께 다양한 장식용 재료를 이용해 원하는 모양으로 만들어 보세요.

⑭ 중탕한 초콜릿에 케이크 팝을 담가 전체적으로 코팅한다. 스티로폼에 꽂아 케이크 팝을 고정하여 초콜릿을 굳힌다.

⑮ 코팅한 초콜릿이 굳으면 스틱에 흘러내린 초콜릿을 닦은 후 초콜릿 칩, 초코볼, 컬러 젤리 등에 중탕한 초콜릿을 살짝 묻혀 원하는 모양으로 장식한다.

05

Homemade Bread & Pizza

영양 만점 엄마표 홈메이드 발효빵 & 피자

아이들이 무척 좋아하는 빵과 피자를 좋은 재료로 건강하게 만들어보세요.
아이와 함께 손 반죽을 하면서 만든다면
더욱 의미가 있겠죠? 반죽과 발효가 번거롭지만 엄마의 정성과 사랑이 듬뿍 담긴
발효빵과 피자에 우리 아이의 건강 지수도 쑥쑥 올라갑니다.

불고기 베이크

쫄깃쫄깃한 빵 속에 촉촉한 육즙이 그대로 살아 있는 불고기 베이크는 대형마트의 인기 메뉴랍니다.
한국식 불고기의 맛과 쫄깃한 빵이 잘 어울려 식사 대용으로도 좋고 아이 간식으로 적극 추천합니다.

① 강력분과 설탕을 함께 체에 내린다. 볼에 인스턴트 드라이 이스트와 미지근한 물(180ml)을 넣고 잘 녹인다.

② ①의 체 친 가루 재료들과 물에 푼 이스트를 넣고 반죽을 한다.

③ ②의 반죽이 어느 정도 섞이면 소금, 포도씨유(2큰술)를 넣고 반죽한다. 랩을 씌운 후 실온에서 1시간~1시간 30분 동안 1차 발효시킨다.

재료[20×10cm, 4개분]

반죽
· 강력분 250g
· 설탕 1큰술
· 인스턴트 드라이 이스트 5g
· 미지근한 물 180ml
· 소금 5g
· 포도씨유 2큰술
· 포도씨유 약간 (반죽 표면에 덧바를용)

불고기
· 쇠고기(불고기용) 100g
· 대파(흰 부분) 10cm
· 양파 1/3개
· 슈레드 피자치즈 10큰술
· 포도씨유 1큰술

불고기 양념
· 양조간장 1과 1/2큰술
· 참기름 1/2큰술
· 설탕 2작은술
· 후춧가루 1/8작은술
· 다진 마늘 2작은술
· 맛술 1작은술

[불고기 만들기]

④ 쇠고기는 키친타월로 핏물을 제거한 뒤 2~3cm 크기로 썰어 불고기 양념의 2/3분량을 넣어 재운다.

⑤ 대파는 0.3cm 간격으로 어슷하게 썰고, 양파는 곱게 채 썰어 나머지 불고기 양념에 재운다.

채소와 쇠고기를 따로 볶는 이유는
수분이 생기는 것을 최소화해서
눅눅한 빵이 되는 것을 막기 위해서다.
발효시킨 반죽은 최대한
얇게 일어야 바삭한 식감을
살릴 수 있다.

⑥ 달군 팬에 포도씨유를
1큰술을 두르고 대파와
양파를 넣어 살짝 볶아
덜어낸다. 오븐을 180℃(미니
오븐은 170~180℃)로
예열한다.

⑦ ⑥의 팬에 쇠고기를 넣고
물기가 생기지 않게
센 불에서 재빨리 2분간
볶는다.

⑧ 볶은 재료들은 식힌 뒤 볼에
피자치즈 8큰술, 불고기,
양파, 대파를 넣어 잘 섞는다.

발효빵의 예열 온도를
10℃ 정도 높이면
구울 때는 10℃ 정도
낮춰 굽는 것이 좋다.

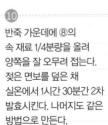

⑨ 발효된 빵 반죽은 4등분해서
밀대로 20×10cm 크기로
얇게 민다.

⑩ 반죽 가운데에 ⑧의
속 재료 1/4분량을 올려
양쪽을 잘 오무려 접는다.
젖은 면보를 덮은 채
실온에서 1시간 30분간 2차
발효시킨다. 나머지도 같은
방법으로 만든다.

⑪ 발효를 마친 ⑩의 반죽 위에
반죽에 덧바를 포도씨유를
살짝 바르고 위에 나머지
피자치즈를 뿌린다. 180℃로
예열된 오븐의 가운데 칸에
넣고 15~20분간(미니
오븐은 170~180℃에서
15~20분간) 굽는다.

포카치아

버터 대신 올리브유를 넣고 반죽한 발효빵, 포카치아(Focaccia)는 기호에 따라 올리브 또는
볶은 양파, 치즈 등을 더해 다양하게 만들 수 있는데요, 맛이 담백해 여러 가지 재료와도
잘 어울려 샌드위치로 즐기기 좋답니다. 완성되는 시간이 오래 걸리는 편이지만 만드는 방법이
쉬워 집에서도 도전해볼 만한 건강 빵입니다.

재료[30×22cm,
2cm 깊이, 오븐 팬 1개분]

· 강력분 500g
· 인스턴트 드라이 이스트
  8g
· 소금 10g
· 설탕 10g
· 따뜻한 물(35~38℃,
  반죽용) 300g
· 올리브유(반죽용) 20g
· 올리브유(틀 코팅용)
  1과 1/2큰술
· 올리브유 3큰술
  (반죽 코팅용) +물 1큰술
  (반죽 코팅용)
· 덧밀가루(강력분) 3큰술

  토핑
· 천일염 2작은술
· 로즈마리 약간(생략 가능)

①
큰 볼에 강력분을 넣고
인스턴트 드라이 이스트와
소금, 설탕이 섞이지 않게
사진처럼 세 군데에 나눠
놓는다.

②
체온과 비슷한 따뜻한
물(반죽용) 300g을 붓고
손으로 반죽한다. 한
덩어리가 되면 반죽용
올리브유(20g)를 붓는다.

구운 양이 많다면 뜨거울 때 냉동시킨다.
해동 시 종이 포일에 싸서 180℃의
오븐에 5~7분간(미니 오븐은 170℃에서
5~7분간) 굽거나, 위생팩에 담아
전자레인지(700W)에서 1분간 데우면 된다.

[반죽하기]

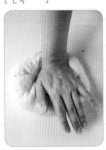

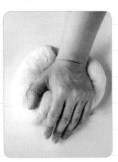

③
반죽을 둥글게 뭉쳐
손바닥으로 누른다.

④
한쪽 면을 접는다. 누르고
접는 과정을 반복한다.

⑤
반죽이 손에 묻지 않고
부드러워질 때까지 힘있게
20분 동안 반죽한다.

⑥
반죽 한쪽을 떼어 조금씩
늘려 보았을 때 사진처럼
쉽게 끊어지지 않고 탄력
있게 늘어나면 반죽이 잘
된 것이다.

[반죽 모양잡기]

⑦
둥글게 뭉친 반죽을 바닥에 놓고 반죽과 바닥이 닿는 밑부분을 손으로 모은다.

⑧
⑦의 윗부분을 팽팽하게 만든다. 반죽을 직각 방향으로 틀어 다시 모양을 만든다.

⑨
⑧의 반죽을 가볍게 잡은 후 바닥에 대고 밑바닥을 조금씩 돌려가며 문지른다.

⑩
반죽 바닥을 사진처럼 깔끔하게 마무리한다.

깊이가 있는 오븐 팬이 없다면 작업대에서 반죽을 밀대로 밀어 4등분 한 후 오븐 팬에 올려 같은 방법으로 구우면 된다.

[1차 발효시키기]

⑪
큰 볼에 덧밀가루를 살짝 뿌린 후 반죽을 담고 그 위에 덧밀가루를 다시 살짝 뿌린다. 랩을 씌운 후 따뜻한 물(35~38℃)에 볼이 반 정도 잠기게 담가 부피가 2배로 부풀 때까지 실온에서 약 1시간 10분간 발효시킨다.
따뜻한 물이 식었을 때 온도가 유지되도록 중간에 1~2번 정도 갈아준다.

[반죽 성형하기]

⑬
깊이가 있는 오븐 팬에 틀 코팅용 올리브유(1과 1/2큰술)를 골고루 바른다. 반죽을 밀대로 오븐 팬 크기만큼 밀어 오븐 팬에 올린다. 반죽 코팅용 올리브유(3큰술)와 물(1큰술)을 섞은 후 1/2분량을 반죽에 골고루 발라가며 반죽의 두께를 고르게 편다. 손가락으로 군데 군데 눌러 반죽에 구멍을 낸다.

[2차 발효시키기]

⑭
반죽이 마르지 않게 위생팩을 덮는다. 볼에 40℃ 정도의 뜨거운 물(수돗물 온수나 정수기에서 받은 뜨거운 물)을 담고 그 위에 오븐 팬을 올려 1시간 30분간 발효시킨다. 물의 온도가 유지되도록 중간에 3~4번 정도 물을 갈아준다. 오븐은 190~200℃(미니 오븐은 180~190℃)로 예열한다. 나머지 반죽 코팅용 올리브유와 물을 고루 바른 후 로즈마리와 천일염을 뿌린다. 예열된 오븐의 온도를 170~180℃로 내려 가운데 칸에 넣고 10분간(미니 오븐은 170℃에서 10~15분간) 굽다가 팬을 꺼내 반대방향으로 돌려 다시 넣은 후 5~7분간(미니 오븐은 170℃에서 5~7분간) 색을 보면서 더 굽는다.

로티보이 번

은은하게퍼지는 모카향으로 코끝을 자극하는 번(Bun). 노릇하게익은 겉부분은 과자처럼
바삭한데요, 반을 갈라보면 폭신한 속이 짭쪼롬하고 고소한 버터로 촉촉하게 젖어있어 더욱
부드럽죠. 아이가 어리다면 커피 크림에 들어간 커피는 넣지 않아도 됩니다.

[버터 필링과 커피 크림 준비하기]

① 실온에 둔 부드러운 가염 버터(버터 필링용, 2큰술)와 소금은 거품기로 잘 섞는다.

② 겉에 바를 커피크림을 만들 박력분과 아몬드가루를 함께 체에 내린다.

재료[6개분]

반죽
· 강력분 200g
· 소금 4g
· 설탕 20g
· 인스턴트 드라이 이스트 6g(생 이스트일 경우 12g)
· 실온에 1시간 이상 둔 부드러운 무염 버터 30g
· 우유 20g
· 미지근한 물 3/4컵

버터 필링
· 실온에 둔 부드러운 가염 버터 2큰술
· 소금 1/2작은술

토핑용 커피 크림
· 박력분 50g
· 아몬드가루 3큰술(15g)
· 실온에 둔 부드러운 무염 버터 50g
· 설탕 40g
· 달걀 1개
· 인스턴트 커피 1작은술

③ ②에 실온에 둔 부드러운 무염 버터(토핑용 커피 크림, 50g)를 넣고 설탕을 3~4번 나누어 넣으며 섞는다. 달걀을 잘 풀어 놓는다.

④ ③에 달걀물을 3~4번 나눠 넣으며 섞는다.

토핑용 크림은 버터와 설탕, 달걀이 분리되지 않도록 3~4번 나누어 넣으면서 섞는다.

⑤ ④에 인스턴트 커피를 넣고 골고루 섞은 다음 짤주머니에 넣고 서늘한 곳에 둔다.

6 강력분을 체에 내린 후
소금, 설탕, 인스턴트 드라이
이스트를 서로 닿지 않게
넣고 강력분과 가볍게
섞는다.

7 ⑥의 가운데를 살짝
누른 다음 실온에 둔 부드러운
무염 버터(30g), 우유를 넣고
잘 섞는다.

8 ⑦에 미지근한 물(3/4컵)을
붓고 10분 정도 힘있게
치대면서 반죽한다.
오븐은 180~190℃
(미니 오븐은 170~180℃)로
예열한다.

반죽은 힘있게
치대야 발효가
잘 된다.

[1차 발효]

9 반죽에 살짝 물을 뿌린 다음
볼에 담고 랩을 씌운다.
그 위에 이쑤시개로
5~6군데 구멍을 낸다.

10 오븐 팬에 따뜻한 물을 담고
⑨의 볼을 올린 후 180℃로
예열된 오븐에 넣고 발효
기능에서 20분 정도
발효시킨다. 볼을 꺼내고
오븐을 다시 180℃로
2분간 예열한다. 다시 발효
기능으로 돌리고 오븐 팬에
따뜻한 물을 담고 볼을 올린
후 20분 정도 발효시킨다.
이 과정을 한 번 더 반복해
총 3번 발효한다.

11 1차 발효가 완료된 반죽의
윗면을 손가락으로 눌러
가스를 뺀다.

* baking tip *

실온에서 발효할 경우, 반죽을 담은 볼에 랩을 씌운 후
따뜻한 물(35~38℃)에 볼이 반 정도 잠기게 담가
(또는 스티로폼 상자 안에 넣고 뚜껑을 덮은 채) 부피가
2배로 부풀 때까지 1시간~1시간 30분간 발효시킨다.
오븐 발효를 하면 시간이 훨씬 줄어든다. 볼을 꺼내지
않고 온도를 올리면 반죽의 겉면이 말라 갈라질 수
있으니 주의할 것.

 반죽을 6등분해서
동그랗게 빚은 다음
윗면에 젖은 면보를 덮고
실온에서 10분간 휴지시킨다.

⑬ 반죽에 ①의 버터 필링을
1작은술씩 넣어 다시
동그랗게 빚는다.

오븐에 구울 때
바닥이 탈 수
있으니 종이 포일을
깔면 좋다.

[2차 발효]

⑭ 반죽을 오븐 팬에 간격을
두고 올린 후 윗면을
살짝 누른 다음 물을
약간 바른다. 랩을 씌우고
이쑤시개로 5~6군데
구멍을 낸다.
1차 발효와 마찬가지로 2차
발효를 2번 반복한다.

⑮ 2차 발효된 반죽 위에
짤주머니에 넣어둔 커피
크림을 짜서 올린 다음
180~190℃로 예열된
오븐의 가운데 칸에 넣고
20분간(미니 오븐은
170~180℃에서 15~20분간)
정도 굽는다.

오븐 발효를 할 경우 겉면에
물을 발라 바르는 것을 방지한다.
발효할 때는 이스트가
숨을 쉴 수 있게 랩의
중간중간 구멍을 낸다.

카레빵

카레가 몸에 좋은 건 다 아시죠? 각종 채소를 카레로 양념해 되직하게 조려서 소를 만든 뒤 발효빵 안에 넣었습니다. 오븐에 구워 담백하고 식어도 겉이 바삭바삭해요. 속 재료로 카레 대신 토마토 미트 소스, 김치 참치볶음 등을 넣어도 잘 어울린답니다.

이스트 설탕
소금

[빵 반죽하기]

①

볼에 강력분을 담고 위에
설탕, 소금, 인스턴트
드라이 이스트가 서로 닿지
않게 간격을 두고 올린다.
미지근한 물(100g), 달걀을
넣고 살살 섞는다.

②

반죽이 서로 엉겨 붙어 볼에
가루가 없어질 때까지 반죽한
후 식용유(20g)를 넣고
힘있게 15분간 더 반죽한다.
식용유가 겉돌지 않고 반죽에
잘 흡수될 때까지 치댄다.

재료[8개분]

· 강력분 220g
· 설탕 15g
· 소금 5g
· 인스턴트 드라이 이스트 6g
· 미지근한 물 100g
· 달걀 1개(55g)
· 식용유 20g
· 덧밀가루(강력분) 1/2컵

카레 소

· 감자 1개(200g)
· 양파 1개(200g)
· 당근 1/4개(50g)
· 마늘 1쪽
· 카레가루 8큰술
· 후춧가루 1/3작은술
· 물 2와 1/2컵
· 꿀 3큰술
· 식용유 2큰술

달걀 · 빵가루 옷

· 달걀 1개
· 빵가루 1과 1/2컵
· 식용유 3큰술

완성된 반죽은 끝부분을 잡아
당겼을 때 옆 사진처럼 약간 길다.
이때 반죽이 질척거린다고
덧밀가루를 많이 뿌리면
빵 맛이 없어지므로 주의한다.

③

작업대나 도마 위에
덧밀가루를 조금씩 뿌려가며
②의 반죽이 손에 달라 붙지
않고 매끄러워질 때까지
반죽한다.

④

반죽을 공처럼 동그랗게
둥글린다. 볼에 덧밀가루를
살짝 뿌린 후 반죽을 담고
위에 덧밀가루를 다시
살짝 흩뿌려 랩을 씌운다.
이쑤시개로 5~6군데 구멍을
낸다.

⑤

반죽이 담긴 볼에 랩을
씌우고 35℃의 따뜻한 물에
담가 중탕하거나 반죽의
크기가 3배로 부풀 때까지
실온에서 1시간~1시간
30분간 발효시킨다.

[카레 소 만들기]

⑥ 감자와 양파, 당근은 사방 1cm 크기로 썬다. 마늘은 0.3cm 폭으로 편 썬다.

⑦ 달군 팬에 식용유 2큰술을 두르고 마늘을 넣고 중간 불에서 1분간 볶은 뒤 감자, 양파, 당근, 후춧가루를 넣고 2분간 볶는다.

⑧ ⑦에 물 1과 1/2컵을 붓고 끓어 오르면 중약 불에서 10분간 끓인다.

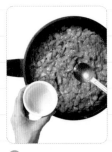

⑨ 남은 물 1컵에 카레가루를 개어 놓는다.

⑩ ⑧에 개어 놓은 카레가루를 풀고 중약 불에서 5분간 졸인 후 숟가락으로 굵게 으깬다.

⑪ 꿀을 넣어 섞고 수분이 생기면 잠시 불 위에 올려 수분을 날려준다.

[카레빵 완성하기]

12
오븐은 180℃(미니 오븐도
동일)로 예열한다. 달걀은
풀고, 빵가루는 식용유
3큰술을 넣어 손으로 잘
비비면서 버무린다.

13
⑤의 발효된 반죽을 꺼내
50g씩 떼어낸 뒤 동그랗게
빚는다. 오븐 팬에 간격을
두고 올린 뒤 반죽이 마르지
않게 위생팩을 덮는다.

14
반죽을 손바닥으로 눌러
납작하게 편 후 속 재료를
1큰술씩 수북하게 올린다.
만두처럼 반죽 가장자리를
쭉쭉 늘려 반죽을 꼬집듯
오므려 붙이고, 손바닥으로
살짝 눌러 납작하게 만든다.
오므린 부분이 바닥에
오게 오븐 팬에 놓고 속이
터져 나오지 않게 납작하게
눌러준다.

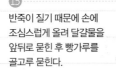

①에서 ②로
부풀때까지
발효

15
반죽이 질기 때문에 손에
조심스럽게 올려 달걀물을
앞뒤로 묻힌 후 빵가루를
골고루 묻힌다.

16
오븐 팬에 종이 포일을 깐 후 간격을 두고 빵가루 옷 입힌
반죽을 놓은 뒤 위생팩을 덮어 크기가 2배가 될 때까지
실온에서 1시간 발효시킨다. 180℃로 예열된 오븐에서
노릇해질 때까지 12~13분간(미니 오븐은 170~180℃에서
12~15분간) 굽는다.

홈메이드 단팥빵

곰보빵과 더불어 빵집의 터줏대감과도 같은 메뉴인 단팥빵. 저렴한 가격에 쉽게 만날 수 있는
빵이긴 하지만 그 속에 든 팥의 원산지를 믿을 수가 없어 불안하셨죠? 국산팥을 직접 삶아 소를
만들고, 첨가물은 빼고 당분은 줄여 건강하게 즐길 수 있는 우리 아이용 단팥빵을 만들어보세요.

✻ baking tip ✻

넉넉하게 만들어 나눠 먹기 좋도록
12개 분량으로 만들었지만, 완성 빵의
개수를 줄이려면 재료의 양을 그대로
줄이면 된다(단팥빵 4개를 만들려면
재료 분량의 1/3만 사용).

[팥 삶기]

① 팥을 씻어 물 1과 1/2컵에 넣고 센 불에서 끓인다. 끓어오르면 2분간 더 끓인 후 체에 거른다.

② 팥을 다시 물 7컵에 넣어 끓인다. 끓어오르면 중약 불로 줄여 1시간 동안 삶는다. 중간에 거품을 걷어내고, 물이 부족하면 중간에 다시 물을 부어가면서 타지 않도록 잘 삶는다.

> 팥을 데쳐서 사용해야 특유의 아린 맛이 제거된다. 데친 첫 물은 버리고 다시 물을 부어 데친다.

재료[12개분]

· 강력분 360g
· 설탕 35g
· 소금 3g
· 인스턴트 드라이 이스트 12g
· 달걀 45g
· 따뜻한 물(약 40℃ 정도의 미지근한 물) 150ml (뜨거운 물 1/2컵 + 찬물 1/4컵)
· 실온에 둔 버터 40g
· 실온에 둔 버터 1작은술 (완성 빵 위에 바르는 용)
· 덧밀가루(강력분) 1작은술

팥 소
· 팥 4/5컵(100g)
· 설탕 60g
· 소금 1/3작은술

[반죽하기]

③ 볼에 강력분을 체에 내린 후 설탕, 소금, 인스턴트 드라이 이스트를 서로 닿지 않게 넣고 달걀, 40~45℃ 정도의 따뜻한 물 150ml(뜨거운 물 1/2컵 + 찬물 1/4컵)을 넣고 매끄러운 상태가 될 때까지 손으로 반죽한다.

④ ③의 볼에 실온에 둔 버터(40g)를 넣고 다시 매끄러운 상태가 될 때까지 치댄다.

볼 옆이나 따뜻한 곳에서
수분과 함께 발효시켜야
발효가 더욱 빨라지고
잘 부풀어 빵의 질감이
부드러워진다.

[1차 발효하기]

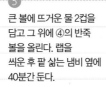

5

큰 볼에 뜨거운 물 2컵을
담고 그 위에 ④의 반죽
볼을 올린다. 랩을
씌운 후 팥 삶는 냄비 옆에
40분간 둔다.

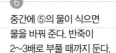

6

중간에 ⑤의 물이 식으면
물을 바꿔 준다. 반죽이
2~3배로 부풀 때까지 둔다.

상황에 따라 1차 발효에 걸리는
시간에 차이가 날 수 있다.
반죽이 2배 이상 부풀어야 하며,
손으로 뜯었을 때
조직이 거미줄처럼 보이면
완성된 것.

7

발효를 마친 빵 반죽을
12등분한 다음 공 모양으로
둥글리기를 한다.

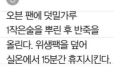

8

오븐 팬에 덧밀가루
1작은술을 뿌린 후 반죽을
올린다. 위생팩을 덮어
실온에서 15분간 휴지시킨다.

9

②의 팥 삶기가 끝나면
물을 버리고 설탕, 소금을
넣어 블렌더로 간 다음
12등분한다.

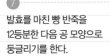

⑩
반죽에 송편을 빚듯 팥 소를 넣고 오므린다.

⑪
두께 2cm, 지름 7cm 모양으로 평평하게 성형한 후 손가락으로 가운데를 누른다.

⑫
큰 볼에 뜨거운 물 3컵을 부운 후 위에 오븐 팬을 올린다. 그 위에 ⑪의 반죽 6개를 올려 위생팩을 덮고 20분간 2차 발효시킨다. 나머지 6개는 실온에서 2차 발효를 시키고 오븐을 180℃(미니 오븐은 170℃)로 예열한다.

⑬
뜨거운 물 위에서 2차 발효한 ⑫의 반죽을 180℃로 예열된 오븐의 가운데 칸에 넣고 13분간(미니 오븐은 170℃에서 13분간) 굽는다. 실온에서 2차 발효한 반죽은 첫 번째 빵을 굽는 동안 뜨거운 물 위에 올려 둔다. 두 번째 반죽을 구울 때에는 이미 오븐에 열이 가해져 있으므로 175℃에서 13분간(미니 오븐은 160℃에서 13분간) 굽는다.

⑭
빵이 따뜻할 때 윗면에 붓으로 실온에 둔 버터 1작은술을 바른다.

위생팩을 덮어 식히면 빵이 한층 부드럽고 촉촉해진다.

이탈리아식 피자

아이들이 잘 안 먹는 시금치를 다져 넣은 웰빙 피자로, 토마토 소스가 전혀 들어가지 않는데도
참 맛있답니다. 두툼한 피자 도우 대신 이탈리아식으로 얇고 바삭하게 도우를 만들어 아이들이
더 좋아하죠. 토핑 재료로는 냉장고에 남아있는 재료를 다양하게 활용해도 됩니다.

① 볼에 강력분을 담고 위에 설탕, 소금, 인스턴트 드라이 이스트가 서로 닿지 않게 간격을 두고 올린 후 따뜻한 물(1/4컵)을 붓는다.

② ①의 반죽을 주걱으로 어느 정도 뭉쳐질 때까지 잘 섞는다.

③ ②에 올리브유를 넣고 10분간 치댄 후 반죽을 둥글게 뭉쳐 새 볼에 담는다.

④ 큰 볼에 40℃ 정도의 뜨거운 물(수돗물 온수나 정수기에서 받은 뜨거운 물)을 담고 그 위에 ③의 반죽 볼을 올린다. 반죽의 크기가 2배로 부풀때까지 40~50분간 발효시킨다.

발효시킬 때 물의 온도를 유지하는 것이 중요하므로 중간중간 따뜻한 물로 갈아준다.

재료[지름 25cm, 1개분]

· 강력분 100g
· 설탕 1/4큰술
· 소금 1/2작은술
· 인스턴트 드라이 이스트 1/3작은술
· 따뜻한 물 1/4컵
· 올리브유 1작은술
· 시금치 2줌(100g)
· 슈레드 피자치즈 300g
· 달걀 1개
· 상하 짜먹는 까망베르 치즈 4큰술

⑤ 시금치는 깨끗이 씻은 후 뿌리 쪽을 잘라 잎만 준비한다. 끓는 물(물 3컵 + 소금 1/8작은술)에 넣고 30초 정도 데친 후 물기를 꼭 짜서 다진다. 오븐을 180~190℃ (미니 오븐은 170~180℃)로 예열한다.

6

④의 반죽을 밀대를 이용해 0.3cm 두께로 얇게 편다.

얇게 밀어야 완성되었을 때 바삭하다.

7

⑥의 반죽을 180~190℃로 예열된 오븐의 가운데 칸에 넣고 5분간(미니 오븐은 170~180℃에서 5분간) 굽는다.

8

구운 피자 도우에 짜먹는 까망베르 치즈를 2큰술 정도 펴 바른다.

9

⑧의 위에 다진 시금치, 피자치즈(200g)를 뿌리고 가운데 부분에 자리를 만들어 달걀이 들어갈 공간을 만든다.

계절마다 토핑을 다르게 해서 구우면 색다르게 즐길 수 있다. 봄에는 아스파라거스와 베이컨, 여름에는 방울토마토와 블랙 올리브, 가을에는 애느타리버섯이 잘 어울린다.

10

⑨의 가운데에 달걀을 깨뜨려 넣고 달걀이 새지 않도록 달걀 주위에 나머지 피자치즈(100g)를 뿌린다.

11

⑩의 위에 짜먹는 까망베르 치즈 2큰술을 뿌린 후 180~190℃로 예열된 오븐의 가운데 칸에 넣고 5~10분간(미니 오븐은 170~180℃에서 5~10분간) 더 굽는다.

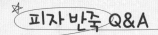

피자 반죽 Q&A

Q 미리 반죽을 만들어 놓아도 되나요?

A 네, 한번에 반죽을 많이 만들어 발효 전 상태에서
피자 한 판 분량씩 잘라 공 모양으로 빚어 냉동 보관하세요.
냉동 반죽을 해동할 때는 실온에 두세요. 해동되면서 서서히 발효
되어 반죽이 부풀어요. 오히려 실온에 두어 발효할 때보다 시간도
짧게 걸린답니다. 먹고 싶을 때마다 하나씩 꺼내 해동한 뒤 밀대
로 밀어 원하는 토핑을 얹은 후 레시피대로 구우면 간단히 이탈리
아식 피자를 만들 수 있어요.

Q 반죽이 남았다면?

A 반죽은 밀대로 밀어 오븐에 굽거나 팬에 구우면 바삭해요.
그냥 먹어도 맛있고 잼이나 소스를 곁들여도 좋아요.
인도식 빵인 '난' 대용으로 커리에 곁들여도 잘 어울린답니다.
피자를 만들 때보다 반죽을 도톰하게 밀어 구우면
샌드위치 빵 대신 이용할 수 있어요. 또한 피자보다 얇게 밀면
이탈리안 레스토랑에서 볼 수 있는 뚝배기 스파게티나 수프 위에
뚜껑처럼 덮어주는 얇은 반죽으로도 사용이 가능하답니다.

고르곤졸라 피자

마늘을 사용한 갖가지 요리를 선보이는 패밀리 레스토랑의 대표적인 인기 메뉴. 외식 메뉴로만
여겨졌던 고르곤졸라 피자를 집에서 손쉽게 만들 수 있도록 가정식 레시피로 개발했고 바삭하고
고소한 맛을 한층 보강했습니다. 온 가족을 위한 주말 별식으로 준비해보세요.

①
강력분과 콩가루를 함께
체에 내리고 소금, 설탕,
인스턴트 드라이 이스트가
서로 닿지않게 긴격을 두고
넣는다. 따뜻한 물을 넣어
한 덩어리로 뭉친다.

②
①의 반죽에 올리브유를 넣고
표면이 매끄러워질 때까지
10분 정도 치댄다.

③
다른 볼에 덧밀가루를 조금
흩뿌린 후 동그랗게 둥글린
반죽을 넣고 랩으로 덮는다.
그보다 큰 볼에 40℃정도의
뜨거운 물(수돗물 온수나
정수기에서 받은 뜨거운 물)을
붓고 위에 반죽 볼을 담가
중탕으로 발효시킨다.

④
반죽의 크기가 2배로 부풀
때까지 40분～1시간 정도
발효시킨다.

재료 [2~3인분]

· 강력분 135g
· 콩가루 15g(2큰술)
· 소금 2g
· 설탕 4g
· 인스턴트 드라이 이스트
  3g
· 따뜻한 물 70g
  (1/3컵 + 여유분)
· 올리브유 2작은술
· 덧밀가루(강력분) 1/4컵

토핑
· 고르곤졸라 치즈 80g
· 슈레드 피자치즈 1컵(100g)
· 잣 2큰술(생략 가능)

딥
· 얇게 채 썬 마늘 1쪽분
· 식용유(마늘 볶음용) 1큰술
· 꿀 3큰술

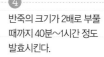

⑤
팬을 중간 불로 달군 후 식용유를 두르고 얇게 채 썬 마늘을
넣는다. 팬을 한쪽으로 기울여 식용유와 마늘이 모이게 해서
40초 정도 노릇하게 굽는다. 키친타월에 올려 기름을 뺀다.
오븐을 200℃(미니 오븐은 190℃)로 예열한다.

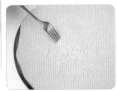

6 발효된 반죽을 손바닥으로 눌러 납작하게 만든다. 덧밀가루를 뿌려가며 밀대로 두께 0.3cm가 되도록 얇게 민다.

7 도우가 부풀어 오르지 않도록 포크를 이용해 도우 바닥을 찍는다.

8 고르곤졸라 치즈를 작은 조각으로 잘라 골고루 올린 뒤 피자치즈와 잣을 뿌린다. 200℃로 예열된 오븐의 온도를 190℃로 낮춘다. 아래 칸에 넣고 10분간(190℃로 예열된 미니 오븐은 180℃로 낮춰 10분간) 굽는다. 꿀에 구운 마늘을 섞어 완성된 피자를 찍어 먹는다.

도우를 꼭 둥그렇게 만들지 않고 오븐 팬 모양(사각)으로 밀어도 된다(단, 얇게 미는 것이 포인트). 또띠아를 이용하면 피자 도우를 만들 필요없이 간단하게 고르곤졸라피자를 완성할 수 있다.

오븐 팬 밑부분에 습기가 차기 때문에 오븐용 석쇠 위에 올려 구우면 더 바삭하게 구울 수 있다. 이 때 골고루 익도록 굽는 도중 위치를 한 번 바꿔준다.

고르곤졸라(Gorgonzola) 치즈란?
녹색 곰팡이를 이용해 숙성시킨 이탈리아의 대표적인 곰팡이 치즈. 연 노란색의 치즈에 곰팡이로 인해 생긴 청록색의 대리석 무늬가 있다. 자극적이며 강하고 매콤한 맛이 특징이다.

고르곤졸라치즈 맛있게 먹기
이탈리아에서는 치즈를 먹을 때 보통 꿀을 곁들여 먹는다. 향과 맛이 유달리 강한 고르곤졸라치즈는 아카시아 꿀과 함께 먹으면 치즈 본연의 맛은 뒤덮지 않으면서 강한 향을 줄여 부담없이 맛있게 즐길 수 있다. 크림 스파게티의 소스를 만들 때 고르곤졸라치즈를 넣으면 보다 진하고 부드러운 맛을 느낄 수 있고, 고르곤졸라치즈를 크림치즈와 섞어 빵이나 크래커에 발라먹으면 간단한 식사나 와인 안주로도 제격이다.

남은 고르곤졸라치즈 보관하기
발효식품인 치즈는 오래 두고 먹어도 무방하지만 공기와 닿으면 산화 작용으로 인해 날이 갈수록 꿈꿈한 냄새가 짙어진다. 따라서 개봉 후에는 완전히 밀봉해서 김치 냉장고나 냉장고 신선실에 보관한다. 고르곤졸라치즈를 냉동실에서 얼렸다가 녹일 경우 수분의 증발로 인해 치즈가 퍼석퍼석해지므로 냉동 보관은 피하자.

아이들 간식으로, 한 끼 식사로도 좋은

치즈 크러스트 피자

테이크 아웃 피자 전문점의 인기 메뉴인 치즈 크러스트 피자를 아이들이 좋아하는 피자치즈를 듬뿍
넣어 사 먹는 것과는 다른 풍부한 맛의 홈메이드 피자로 개발했습니다. 토핑으로 들어가는 재료는
아이들이 잘 먹지 않는 채소를 작게 썰어 올려주셔도 됩니다.

 방울토마토는 씻어서
꼭지를 떼고 4등분한다.

 블랙 올리브는 동그란
모양을 살려 3등분한다.

③ 베이컨은 2cm 폭으로
자른다. 기름을 두르지 않은
달군 팬에 넣고 중간 불에서
바삭하게 구운 후 키친타월에
올려 기름기를 뺀다.

재료[2인분]

- 강력분 100g
- 우유 5큰술
- 미지근한 물 20g
- 인스턴트 드라이 이스트
  1/2작은술
- 올리브유 2작은술
- 소금 1/2작은술
- 시판용 토마토 스파게티
  소스 4큰술
- 방울토마토 3개
- 베이컨 4장
- 블랙 올리브 5개(18g)
- 슈레드 피자치즈 2/3컵
  (60g)
- 바질잎 약간(생략 가능)

생이스트를 사용할
경우 인스턴트 드라이
이스트(또는 드라이
이스트)의 2배 분량을
사용한다.

④ 우유를 전자레인지
(700W)에서 10초 정도 돌려
30~35℃로 미지근하게
한 뒤 인스턴트 드라이
이스트를 섞고 강력분,
올리브유, 소금, 미지근한
물과 함께 볼에 넣고
반죽한다.

⑤ ④의 반죽을 볼에서 꺼내
매끄럽게 될 때까지 치댄다.

중간에 따뜻한 물로
한두 번 갈아
온도를 일정하게
유지한다.

6

반죽을 둥글게 뭉쳐 다시
볼에 넣고 랩으로 덮은 다음
이쑤시개로 3~4군데 구멍을
낸다. 그보다 큰 볼에 40℃
정도의 뜨거운 물(수돗물
온수나 정수기에서 받은
뜨거운 물)을 붓고, 그 위에
반죽 볼을 올린다. 반죽의
크기가 2배로 부풀 때까지
실온에서 1시간 발효시킨다.

7

오븐은 190℃(미니 오븐도
동일)로 예열한다. 밀대를
이용해 반죽을
오븐 팬 크기에 맞도록
(약 27~30cm) 얇게
민다. 가장자리에
피자치즈(1/3컵)를 올리고
밖에서 안쪽으로 말아
치즈 크러스트를 만든다.

반죽을 손으로 편 경우
바삭한 질감이 되고,
밀대를 사용해서 펴면
간편하지만 발효시 생긴
구멍이 꺼져서 비교적
단단해진다.

8

⑦의 위에 시판용 스파게티
소스를 바른 후 블랙
올리브, 구운 베이컨을
올리고 나머지 피자치즈를
뿌린다.

9

방울토마토를 얹고, 190℃로
예열된 오븐의 가운데 칸에
넣고 13분간(미니 오븐은
10~13분간) 굽는다. 구운 후
기호에 따라 바질잎을 올린다.

윗면이 탈 경우
종이 포일을 덮거나
10℃ 정도 온도를
낮춰 굽는다.

또띠야로 만드는
초간단 홈메이드 피자

고구마피자

아이들에게 인기가 많은 고구마 피자를 집에서
손쉽게 만들 수 있도록 또띠야를 활용해
개발했습니다. 지나치게 달아서 부담스러웠던
고구마 퓨레의 맛도 우유, 꿀 등을 넣어 담백하게
만들어 훨씬 건강한 맛을 냈답니다.

재료[2~3인분]

· 또띠야(지름 10인치) 2장
· 시판용 토마토
  스파게티 소스 4큰술
· 브로콜리 1/8개(15g)
· 양파 1/4개(50g)
· 베이컨 2줄(35g)
· 슈레드 피자치즈 1컵(100g)
· 식용유 1작은술

고구마 퓨레

· 고구마(중간 크기)
  1개(200g)
· 소금 1/4작은술
· 우유 2큰술
· 꿀 1과 1/2큰술
· 버터 15g

① 고구마는 껍질을 벗긴 후 사방 2cm로 썬다. 냄비에 물(2컵)과 고구마를
넣은 후 뚜껑을 덮고 센 불에서 삶는다. 끓기 시작하면 중간 불로 줄여
15분간 삶은 후 뜨거울 때 체에 내린다.

② 고구마가 뜨거울 때 소금, 우유, 꿀, 버터와 잘 섞은 후 위생팩에 넣는다.
또띠야 둘레에 짜기 직전에 위생팩 끝을 지름 2 cm 크기로 자른다.

③ 냄비에 물 1컵과 소금 1/4작은술을 넣은 후 끓인다. 끓어오르면 한입
크기로 썬 브로콜리를 1분간 데친 후 찬물에 헹군다.

④ 브로콜리와 양파는 사방 1cm 크기로, 베이컨은 1.5cm 폭으로 썬다.

⑤ 팬을 중간 불로 20초간 달군 후 식용유 1작은술을 두르고 중약 불에서
양파를 1분간 볶아 키친타월 위에 올려 기름기를 뺀다.
오븐을 180℃(미니 오븐은 170~180℃)로 예열한다.

⑥ 또띠야에 시판용 토마토 스파게티 소스 2큰술씩 펴 바르고, 피자치즈를
조금 올린다. 그 위에 브로콜리, 양파, 베이컨, 피자치즈를 다시 올린
다음 또띠야 둘레에 ②의 고구마 퓨레를 둥글게 짠다. 180℃로 예열된
오븐의 가운데 칸에 넣어 8분간(미니 오븐은 170~180℃에서 6~8분간)
굽는다.

또띠야 구입처와 보관방법
이마트, 홈플러스 등 대형마트의 냉장제품 코너에서 또띠야를 구입할 수
있다. 한팩(10인치 780g, 12장)에 7천 원대에 판매된다. 또띠야는
방부제나 보존제를 첨가하지 않아 실온에서 장기간 보관이 불가능하므로
냉동 보관을 해야한다. 해동은 실온(20~25℃)에 하루(봄, 여름, 가을철)나
이틀(겨울철)동안 두거나 전자레인지에서 1~2분 정도 해동한 후 사용한다.

생과일 칼조네 피자

납작하고 동그란 모양에 토마토 소스가 가득
올라간 색다른 모양의 칼조네(Calzone)로
아이들 간식을 만들어보세요. 칼조네는
반으로 접어 만두 모양으로 만든 색다른 모양의
피자입니다. 시판용 또띠야와 쫀득한피자치즈만
있으면 매우 간단하게 만들 수 있어요.

1. 딸기는 반으로 썰고 키위는 껍질을 벗기고 4등분,
   파인애플 링도 4등분한다. 호두는 4등분한다.
   썬 재료를 골고루 섞어 떠먹는 플레인 요구르트에 버무린다.

2. 또띠야는 가장자리 1cm 정도를 제외한 곳에 꿀을 바른다.

3. 꿀을 바른 또띠야에 ①의 과일과 피자치즈 등
   모든 재료를 골고루 올린다.

4. 또띠야를 반으로 접고 가장자리를
   포크로 꾹꾹 눌러가며 붙인다.

5. 180~190℃로 예열된 오븐의 가운데
   칸에 ④를 넣고 7분간(미니 오븐은
   180℃에서 7분간) 굽는다.

이때 과일에 물기가
있으면 최대한
제거한 후 올린다.

재료[1인분]

· 또띠야(지름 8인치) 1장
· 딸기 3개
· 키위 1/2개
· 파인애플 링 1/2개
· 호두 2쪽
· 떠먹는 플레인 요구르트
  1큰술
· 꿀 1큰술
· 슈레드 피자치즈
  약 2/3컵(80g)

과일 단면에서
수분이 많이 생길 수 있으니
조리 직후 바로 먹는 것이 좋다.
완성요리에 노릇한 색을
원하면 굽기 직전 또띠야
겉면에 달걀물을 바른다.

초간단 또띠야 피자

아이들이 가장 좋아하는 메뉴인 피자를
또띠야를 활용해 간단하게 직접 만들어보는 건
어떨까요? 많은 재료도 필요없답니다.
냉장고 속 자투리채소와 피자치즈만 있으면
집에서도 맛있는 피자를 만들 수 있습니다.

① 청·홍피망, 양파, 양송이버섯, 블랙 올리브는
　모양을 살려 0.3cm 폭으로 썬다. 베이컨은 1cm
　폭으로 썬다.

② 또띠야를 포개 놓고 위에 피자 소스 2큰술을
　펴 바른다.

③ 피자 토핑을 넉넉히 올릴 경우 또띠야를 2장
　포개 놓고 만들어야 완성 후 토핑의 무게때문에
　피자를 들었을 때 아래로 처지지 않는다.

④ ②의 또띠야 위에 썰어 놓은 ①의 채소와
　양송이버섯, 베이컨을 골고루 올린다.
　③의 또띠야 위에 피자치즈를 골고루 뿌린다.

⑤ 180~190℃로 예열한 오븐의 가운데 칸에
　④를 넣고 8분간(미니 오븐은 180℃에서 8분간)
　굽는다.

전자레인지(700W)로
익힐 때는 1분 30초,
프라이팬으로 조리할 경우는
팬을 중약 불로 달군 후
뚜껑을 덮고 5분 정도
익혀 완성한다.

재료 [2인분]

· 또띠야(지름 8인치) 2장
· 슈레드 피자치즈 1컵(100g)
· 베이컨 2장
· 청피망 1/2개
· 홍피망 1/2개
· 양파 1/4개(50g)
· 양송이버섯 4개
· 블랙 올리브 5개(생략 가능)
· 시판용 피자 소스
　(또는 토마토 스파게티
　소스) 4큰술

포테이토 베이컨 팬 피자

혹시 떠먹는 피자에 대해 들어보셨나요? 요즘 몇몇
레스토랑에서 인기를 끌고 있는 메뉴인데, 얇은 도우가
바닥에 있어 포크로 떠먹는 재미가 색다르답니다.
마치 전을 부치듯 구워낸 부드러운 도우에 웨지 감자,
베이컨과 양파, 피자치즈를 올려 즐겨보세요.

재료 [2~3인분]

- 감자(중간 크기) 1개(150g)
- 베이컨 3장(80g)
- 양파 1/4개(50g)
- 슈레드 피자치즈
  1과 1/2컵(150g)
- 올리브유 1큰술

감자 양념

- 소금 1/3작은술
- 후춧가루 1/8작은술
- 다진 마늘 1작은술
- 올리브유 1큰술

피자 도우

- 중력분 60g
- 우유 1/2컵(90g)
- 실온에 둔 부드러운 버터
  1/2큰술
- 설탕 1작은술
- 소금 1/3작은술

① 감자는 깨끗이 씻어 껍질째 1.5cm 폭의 웨지 모양으로
10등분한 후 감자 양념에 버무린다. 양파는 0.3cm 폭으로
채 썬다. 버터는 실온에 두어 녹인다.

② 양념한 감자를 팬에 올리고 뚜껑을 덮은 채 약한 불에서
앞뒤로 각각 5분씩 굽는다.

③ ②의 팬을 키친타월로 닦아낸 다음 베이컨을 올려 1분 30초,
뒤집어서 30초간 굽는다. 베이컨은 1cm 폭으로 썬다.

④ 볼에 피자 도우 재료를 모두 넣고 잘 섞는다.

⑤ 약한 불로 달군 팬에 올리브유 1큰술을 두른다. 피자 도우
반죽을 붓고 지름 18cm로 평평하게 편 후 5분간 익힌다.

⑥ 피자 도우를 뒤집은 후 양파, 베이컨, 감자, 피자치즈의
순으로 얹는다. 뚜껑을 덮은 채 8분간(오븐을 이용할 경우
180~190℃의 가운데 칸에서 8~10분간, 미니 오븐은
180℃에서 8~10분간) 익힌다.

완성한 피자를 접시에 옮겨
담으려면 뒤집개를 이용해
피자의 옆 부분을 팬에서
분리시킨 후 팬을 기울여
접시에 옮긴다.

Homemade Dessert & Snack

건강하게 즐기는 홈메이드 디저트 & 간식

먹거리에 대한 불안감이 날로 높아지는 가운데 안심하고 즐길 수 있는
특별한 디저트와 간식을 소개합니다. 방과 후 아이 간식으로,
학원가는 아이의 테이크 아웃(Take-out) 간식으로도 그만인
담백하고 건강한 엄마표 간식으로 우리 아이의 건강을 챙겨주세요.

고구마 크림치즈 미니볼

고구마 케이크를 한입에 쏙 들어가는 경단 모양으로 만든 초간단 아이디어 레시피입니다.
고구마 자체의 단맛을 최대한 살리고자 밤고구마를 사용했고, 크림치즈와 우유를 넣어 반죽해
더욱 부드럽지요. 간단한 재료로 후다닥 만들 수 있어 아이들 간식으로 강추합니다.

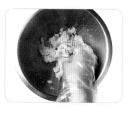

① 카스텔라는 가장자리
부분을 제거하고 체에 내려
고운 가루를 만든다.

② 밤고구마는 껍질째
김 오른 찜기에 넣고 20분
정도 찐다.

③ 익은 밤고구마는 껍질을
벗긴 다음 뜨거울 때 으깬다.

④ ③에 실온에 둔 버터,
크림치즈, 우유, 꿀을 넣고
골고루 섞어 고구마 반죽을
한입 크기로 동그랗게
빚는다.

⑤ 접시에 체 친 카스텔라
가루를 담고 동그랗게 빚은
고구마 반죽을 굴려가며
카스텔라 가루를 충분히
묻힌다.

재료 [2인분]

· 밤고구마 3개(300g)
· 시판용 카스텔라
  (지름 6~7cm, 두께 1cm)
  3쪽(100g)
· 실온에 둔 버터
  2큰술(30g)
· 크림치즈 약 2/3통(100g)
· 우유 15g
· 꿀 1큰술

* baking tip *

휘핑크림(1/3~1/2컵)을 섞으면 훨씬
부드럽다. 휘핑크림을 섞어 반죽을 만든 다음
카스텔라를 얇게 썰어 반죽 사이에 넣어
케이크처럼 만들어도 좋다.

참깨 스틱 & 초코딥

만들기 간단하면서도 아이들의 속을 든든하게 채워줄 수 있는 간식입니다. 시판용 참깨과자보다 참깨와 검은깨를 더 많이 넣어 고소한 맛과 영양을 보강했습니다. 바삭한 참깨 스틱에 초코딥을 찍어 먹으면 먹는 재미까지 더해져 아이들이 더욱 좋아한답니다.

1
볼에 박력분, 설탕,
소금을 체에 내린 후 참깨,
검은깨, 달걀, 포도씨유를
넣고 한 덩어리가 되도록
반죽한다.
오븐을 180℃(미니 오븐은
165℃)로 예열한다.

2
반죽이 한 덩어리가 된 후
10초 정도 더 주물러
손에 묻어나지 않을 정도로
반죽한다.

3
도마에 덧밀가루를 뿌리고
②의 반죽을 밀대를 이용해
22 x 15cm 크기, 0.5cm
두께가 되도록 민다.

재료 [약 35개]

참깨 스틱
· 박력분 100g
· 설탕 10g
· 소금 3g
· 참깨 10g(2큰술)
· 검은깨 5g(1큰술)
· 달걀 55g(1개)
· 포도씨유(또는 식용유)
  3g(1작은술)
· 덧밀가루(박력분)
  약 1/2큰술

초 코딥
· 시판용 초콜릿
  (가나 마일드) 2개(56g)
· 버터 5g
· 실온에 둔 차갑지 않은
  우유 20g
· 다진 피스타치오 약간
  (생략 가능)

*팬이 완전히 식은 후
참깨 스틱을
떼어내어야
부서지지 않는다.*

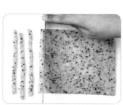

4
③의 반죽을 0.7cm 폭으로
썬다. 덧밀가루가 흡수되기
전에 썰어야 잘 떨어진다.

5
④를 오븐 팬에 올린
후 180℃로 예열된
오븐의 아래 칸에 넣고
10분간(미니 오븐은
165~170℃에서 15분간)
굽는다.

*초 코딥 대신 집에 있는
과일잼을 곁들이면
색다른 맛을
즐길 수 있다.*

*차가운 우유를 넣으면
분리되니 실온에
두었다가 사용한다.*

6
초콜릿은 잘게 다진 후 스테인리스 볼에 버터와 함께 넣는다.
냄비 위에 볼을 올려 중탕으로 저어가며 완전히 녹인다.
실온에 둔 우유를 넣어 저어가며 섞은 후 다진 피스타치오를
섞는다.

고구마 만주

으깬 고구마에 우유를 넣고 빚어 오븐에 구운, 고소하고 담백한 간식입니다. 식이섬유와
각종 영양분이 풍부하게 들어있으면서도 칼로리는 낮아 아이들 간식으로 안성맞춤이랍니다.

1
고구마는 껍질째 김
오른 찜기에 넣고 30분
동안 찐다. 오븐을
170~180℃(미니 오븐도
동일)로 예열한다.

2
마른 팬에 아몬드
슬라이스를 넣고 약한
불에서 약 1분간 볶은 후
곱게 다진다.

3
달걀은 골고루 푼다.

4
익은 고구마는 껍질을
벗긴 후 뜨거울 때 으깬다.
볼에 고구마와 다진 아몬드
슬라이스, 우유, 꿀을 넣고
골고루 섞는다.

5
④를 약 15등분하여 작은
고구마 모양으로 빚어
종이 포일을 깐 오븐 팬에
올린다.

6
⑤의 윗면에 ③의 달걀물을
골고루 바른 후 위에
다진 땅콩을 뿌린다.
170~180℃로 예열된
오븐의 가운데 칸에 넣고
20~25분간(미니 오븐도
동일) 굽는다.

중간에 색이 많이 나면
온도를 10℃ 정도
낮춰 굽는다.

재료[15개분]

· 고구마(중간 크기)
  2개(400g)
· 아몬드 슬라이스 5큰술
· 달걀 1개
· 우유 1/2컵
· 꿀 3/4큰술
· 다진 땅콩 2큰술(생략 가능)

브레드 푸딩

브레드 푸딩은 딱딱해진 빵에 우유와 달걀물을 부어 겉은 노릇노릇, 속은 촉촉하게 구워먹는
메뉴인데요, 여기에 피스타치오와 아몬드 슬라이스를 듬뿍 넣어 영양까지 생각했습니다.
특별한 재료와 도구없이도 후다닥 만들 수 있어 왕초보 베이커도 쉽게 도전할 수 있는 메뉴랍니다.

① 오븐은 170℃(미니 오븐은 160℃)로 예열한다. 곡물빵은 각각 한쪽 면에 버터를 바른 후 사방 3cm 크기로 자른다.

② 피스타치오는 겉껍질을 깐 후 사방 0.5cm 크기로 굵게 다진다.

③ 볼에 달걀을 잘 푼 다음 우유, 설탕, 꿀, 건포도를 넣고 골고루 섞는다.

④ 내열 용기에 곡물빵을 채워 넣고 다진 피스타치오를 올린다.

⑤ ④의 빵이 골고루 젖도록 ③을 부은 후 아몬드 슬라이스를 올린다.

재료[2인분]

- 곡물빵(1cm 두께)
  약 4장(60g)
  (또는 식빵 1과 1/2장)
- 피스타치오 20개(26g)
- 버터 1큰술
- 달걀 1개
- 우유 2/3컵
- 설탕 1큰술
- 꿀 1큰술
- 건포도 1큰술(5g)
- 아몬드 슬라이스
  1큰술(5g)
- 슈가파우더 1/2작은술
  (장식용, 생략 가능)

오븐에 구울 때 윗면만 탈 수 있으니 반드시 아래 칸에서 굽고 위아래의 차이가 별로 없는 오븐이라면 브레드푸딩 위에 종이 포일을 덮은 후 굽는다.

⑥ 170℃로 예열된 오븐의 아래 칸에 넣고 20분간(미니 오븐은 160℃에서 20분간) 굽는다. 기호에 따라 슈가파우더를 뿌려 장식한다.

새우 스낵

대한민국 대표 과자 중 하나인 새우깡의 홈메이드 버전입니다. 건새우를 가루로 만들어
반죽한 다음 오븐에 구워 기름지지 않고 담백하지요. 새우의 진한 맛을 고스란히 살린
엄마표 과자에 도전해보세요.

① 건새우는 믹서기에 넣고 곱게
갈아 새우가루를 만든다.

② 박력분은 체에 한번 내린다.
오븐은 180℃(미니 오븐은
170~180℃)로 예열한다.

③ ②에 새우가루와 베이킹
파우더, 흑설탕, 소금을
넣고 섞는다.

반죽에 넣는 설탕은
색감을 좋게 하기 위해 흑설탕을
사용했지만 흑설탕이 없다면
황설탕이나 백설탕으로
대체해도 좋다.

남은 새우가루는 조미료 대신
사용한다. 국이나 찌개 등
국물 요리에 국물을 낼 때,
나물을 무칠 때 사용하면
감칠맛이 돈다. 밀폐 용기에 담아
냉동실에 한 달 정도
보관할 수 있다.

④ ③에 올리브유를 넣고
손으로 비벼가며 가루에
기름을 먹인다.

⑤ ④에 우유를 넣고
한 덩어리가 되도록
반죽한다.

재료[1인분]

· 박력분 1컵(100g)
· 새우가루 4큰술(건새우
  약 20g을 믹서에 간 것)
· 베이킹파우더 1/3작은술
· 흑설탕 2큰술
· 소금 1/2작은술
· 우유 5큰술
· 올리브유(또는 식용유)
  2큰술

⑥ 위생팩을 넉넉히 준비해
반죽을 감싼 뒤 밀대를 이용해
0.5cm 두께로 얇게 민다.

⑦
위생팩을 벗긴 반죽에
칼등(또는 포크나
젓가락)으로 빗살 무늬를
넣는다.

⑧
⑦의 반죽을 1cm 폭,
5cm 길이로 썬다.

⑨
오븐 팬에 종이 포일을
깔고, 그 위에 ⑧을
올린다. 180℃로 예열된
오븐의 가운데 칸에
넣고 15분간(미니 오븐은
170~80℃에서 15분간)
구운 뒤 중간에 팬을 꺼내
반대방향으로 돌려 굽는다.
다 구워지면 식힘망에 올려
식힌다.

* baking tip *

새우 스낵, 다양한 재료와 모양으로 만들기!
다시마나 김을 건새우처럼 익시기로 갈아 반죽에 사용해도 좋다. 새우가루와 섞으면
풍미는 물론 다시마의 식이섬유로 건강까지 챙길 수 있다. 또 검정깨를 반죽에 섞으면 씹을
때마다 고소한 향이 입안에 퍼진다. 또한 다양한 모양의 쿠키 커터를 활용해
아이들과 함께하면 즐거운 놀이가 된다. 또 스틱으로 길게 모양내어 굽거나 길게 자른 뒤
꽈배기처럼 꼬아도 색다르게 즐길 수 있다.

하나만 먹어도 우리 아이 속 든든

식빵 러스크

먹고 남은 식빵을 이용해 아주 간단하게 만들 수 있는 러스크를 소개합니다. 속 재료는
건포도, 고구마, 단호박 이외에도 호두 같은 견과류, 다양한 말린 과일 등 취향껏 넣어 주셔도 됩니다.
하나만 먹어도 속이 든든해지는 영양 만점 간식이랍니다.

러스크(Rusk)란?
러스크는 빵이나 카스
텔라 등을 얇게 썰어
버터나 설탕을 발라
구운 음식.

1 건포도는 물(2큰술)에 10분 정도 재운 후 물기를 꼭 짠다.

2 고구마는 껍질을 벗기고 단호박과 함께 전자레인지(700W)에 3분 정도 돌려 반 정도만 익힌다.

3 식빵은 사방 1cm 크기로 썬다.

재료 [15개분]

- 식빵 10장
- 건포도(또는 건살구, 프룬) 3큰술
- 고구매(중간 크기) 1개(200g)
- 단호박 1/2통
- 실온에 둔 부드러운 버터 2와 1/4컵(225g)
- 설탕 1컵(113g)
- 달걀 1과 1/2개
- 슈가파우더 1/2컵

4 전자레인지(700W)에 살짝 익힌 단호박은 씨를 제거하고 고구마와 함께 사방 1cm 크기로 썬다.

5 실온에 둔 부드러운 버터는 주걱으로 잘 섞어 마요네즈 정도의 질감으로 만든다.

⑥

⑤에 설탕, 달걀을 넣고
골고루 섞는다.

⑦

⑥에 식빵, 물기를 뺀
건포도, 고구마, 단호박을
넣고 골고루 섞는다.
오븐을 180~190℃(미니
오븐은 170~180℃)로
예열한다.

⑧

반죽은 지름 6~7cm
정도의 크기로 동그랗게
뭉친다.

꾹꾹 눌러 뭉쳐야
구운 후에
부서지지 않는다.

크기마다 온도의 차이가
있으니 구워진 상태를
봐가면서
노릇노릇해질 때까지
굽는다.

⑨

180~190℃로 예열된
오븐의 가운데 칸에 넣고
15~20분간(미니 오븐은
170~180℃에서 15~20분간)
굽는다.

⑩

구운 러스크는
오븐 팬 채로 충분히
식힌 다음(약 20~30분간)
슈가파우더를 솔솔 뿌린다.

구운 러스크를
충분히 식히지 않고
오븐 팬에서 꺼내면
깨질 수 있으니
주의한다.

홈메이드 추로스

바삭바삭 달콤한 계피맛이 매력적인 추로스는 특유의 맛 덕분에 극장이나 놀이동산의
군것질 거리로 인기가 좋습니다. 깊은 계피향이 고소하게 느껴지는 빵으로 별 모양깍지만 있으면
집에서도 멋지게 만들 수 있어요. 찹쌀가루를 넣은 쫀득한 반죽으로 모양을 잡고, 오븐에 구워
더욱 담백합니다.

추로스(Churros)란?
아침식사나 간식으로 먹는
스페인의 전통요리. 버터, 소금, 밀
가루를 넣은 반죽을 올리브유에 갈색
이 나게 튀겨 만든다. 설탕이나 계핏
가루를 곁들이기도 하지만 '초콜라
테 콘 추로스'라고 하여 초콜릿
에도 찍어 먹는다.

① 달걀은 실온에 1시간 정도 두고, 완성된 추로스에 묻힐 장식용 설탕 재료는 모두 고루 섞는다. 오븐을 180~190℃(미니 오븐은 180℃)로 예열한다.

② 박력분, 찹쌀가루, 계핏가루를 함께 체에 2번 내린다.

③ 짤주머니에 별 모양 깍지를 미리 끼운다.

④ 냄비에 우유, 버터, 설탕, 소금을 넣고 약한 불에서 저어가며 2~3분간 끓인다.

⑤ 버터가 녹았으면 ②의 체 친 가루 재료들을 넣고 주걱으로 재빨리 섞는다.

재료 [2인분]

· 박력분 150g
· 찹쌀가루 30g
· 계핏가루 1/2작은술(1g)
· 우유 1/2컵(100ml)
· 버터 50g
· 설탕 1과 1/2큰술(10g)
· 소금 1/2작은술(2g)
· 실온에 1시간 정도 둔 달걀 1개
· 꿀 3큰술

장식용

· 황설탕 1큰술
· 설탕 1큰술
· 계핏가루 1작은술

⑥ ⑤를 깨끗한 볼에 옮겨 실온에 둔 달걀을 넣고 핸드믹서를 이용해 저속으로 저어 잘 섞는다.

짤주머니를 컵에
받쳐 놓고 반죽을
넣으면 편리하다.

⑦
⑥의 볼을 랩으로 씌운 후
냉장고에서 20분간
휴지시킨 다음
별 모양 깍지를 끼운
짤주머니에 반죽을 넣는다.

⑧
오븐 팬에 종이 포일을
깐 다음 ⑦의 반죽을 15cm
길이로 짠다.

⑨
⑧의 반죽을 180℃로
예열된 오븐의 가운데 칸에
넣고 20~25분간(미니 오븐은
170~180℃에서 25분간) 굽는다.
겉면이 갈색이 나게 익으면
꺼낸다.

기름에 튀겨내는 추로스에 비해,
겉면에 수분이 적어 설탕과
계핏가루를 뿌리면 잘 묻지 않는다.
그러므로 꿀을 겉면에 바르고
설탕과 계핏가루를
뿌려주어야 한다.

⑩
구운 추로스를 접시에 담고
붓을 이용해 꿀을 얇게 펴
바른다.

⑪
⑩에 장식용 설탕을 고루
묻혀 완성한다.

* baking tip *

홈메이드 추로스 튀기는 방법!
①추로스 반죽을 만드는 ⑦번
 과정까지는 동일하다.
②20×5cm 크기로 유산지를 여러 장
 자른 후 유산지 위에 추로스 반죽을
 15cm 길이로 길게 짠다.
③냄비에 식용유(5컵)를 붓고 중강
 불에서 끓이다가 185~190℃의
 튀김 온도에서 반죽을 올린 유산지를
 기름에 천천히 떨어뜨린다.

④나무 젓가락으로 살살 굴려가며
 2~3분간 노릇하게 튀겨낸 후
 나무 젓가락으로 유산지를 살살 벗겨
 유산지만 빼낸다(추로스가 어느 정도
 익으면 유산지가 쉽게 떨어짐).
⑤다시 나무 젓가락으로 추로스를
 살살 굴려가며 1~2분간 노릇하게
 더 튀긴 후 꺼낸다.
⑥꺼내자마자 바로 설탕을 묻혀
 완성한다.

와플

브런치나 디저트로 인기있는 와플은 온 가족이 좋아하는 메뉴! 카페에서만 먹던 와플을 집에서도
손쉽게 만들어보세요. 와플은 반죽이 중요한데요, 흰자 거품을 충분히 내서 반죽에 섞어주는 것이
포인트랍니다. 따끈하고 향긋한 와플 위에 아이스크림을 얹어 먹으면 아이들이 더욱 좋아하겠죠?

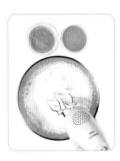

① 박력분과 베이킹파우더를
함께 체에 내린다.

② 달걀은 노른자와 흰자를
분리해 담아 둔다.

③ 와플 팬에 바를 버터와
반죽에 넣을 버터를
전자레인지(700W)에 각각
30초, 50초 정도 돌려
완전히 녹인다. 토핑용
생크림(200ml)은 거품기나
핸드믹서로 거품을 낸다.

재료[2인분]

· 박력분 120g
· 베이킹파우더 1/2작은술
· 달걀 2개
· 설탕 2큰술
· 소금 1/2작은술
· 우유 60ml
· 생크림 60ml
· 녹인 버터(반죽용) 70g
· 녹인 버터(와플 팬용) 40g

토핑
· 메이플 시럽 70ml
· 아이스크림 2스쿱
· 생크림 1컵(200ml)

④ 볼에 ①의 체 친 가루
재료들과 설탕, 소금을
넣어 잘 섞은 후 ②의
달걀노른자를 넣고 섞는다.

⑤ ④에 우유와 생크림(60ml)을
조금씩 부어가며 섞는다.

⑥
⑤에 반죽용으로 녹인
버터(70g)를 넣고 잘 섞는다.

⑦
따로 분리해 놓은 ②의
달걀흰자는 거품기나
핸드믹서로 거품을 낸다.
흰자 거품은 스테인리스 볼을
뒤집어도 흘러내리지 않을
정도로 충분히 거품을 낸다.

이때 스테인리스 볼에
이물질이 묻어 있으면
거품이 나지 않으므로
깨끗한 스테인리스 볼에
거품을 낸다.

⑧
⑦의 흰자 거품 1/3분량만
먼저 ⑥의 반죽과 잘 섞은
뒤 나머지 흰자 거품을 넣고
거품이 꺼지지 않게 고무
주걱으로 2~3번 재빨리
섞는다.

흰자 거품을 반죽에 즉시 섞어 굽는
레시피이므로 반죽을
오래 두지 말고 바로 구워야
부드럽게 만들 수 있다.
미리 구워 냉동 보관한 후 먹을
때마다 살짝 데워서 먹는다.

⑨
미리 달군 와플 팬에 와플
팬용으로 녹인 버터를
바르고 ⑧의 반죽을 부은 뒤
색깔이 날 때까지 굽는다.

⑩
반죽을 꺼내서 1~2분 정도 식혀 겉이 눅눅해지면 팬에
버터를 더 발라 겉만 바삭해지도록 다시 한 번 굽는다.
구워낸 와플을 두 장 겹쳐 아이스크림, 생크림, 과일,
메이플 시럽 등 기호에 맞게 곁들인다.

와플 기계 구입요령
와플 기계는 가스레인지 위에서 사용하는 수동 와플 팬과 전기콘센트를 연결해 쓰는 자동 와플 기계가 있다.
보통 가스레인지용 와플 팬은 1~2만 원대로 저렴하고, 와플 기계는 5~10만 원대로 값이 나가는 편.
와플 팬과 와플 기계는 둥그런 형태와 네모난 형태의 두 가지가 있으니 취향에 따라 구입한다. 와플 기계는
외국 제품일 경우 110V일 수 있으니 구입 시 확인할 것.

홈메이드 건강 간식

단호박 양갱

제철 단호박에 한천가루를 넣어 부드럽고
달콤한 전통 간식, 양갱을 만들어보세요.
여러 가지 모양의 틀에 넣어 굳히거나 사각
틀에 굳혀 길쭉하게 썰면 양갱바가 된답니다.

① 단호박은 씨를 파낸 후 껍질째 길쭉하게 5등분한다.
  김 오른 찜기에 넣고 15분간 찐다.

② 노란 과육만 긁어 체에 내려 곱게 으깬다.

③ 냄비에 우유, 물, 한천가루를 넣고 고루 섞어
  5분간 불린다.

④ 한천가루를 불린 냄비를 불에 올려 중간 불에서
  주걱으로 계속 저어가면서 끓인다. 보글보글
  끓어오르면 약한 불로 줄여 2분간 더 끓인다.

⑤ 설탕과 소금을 넣고 5분간 저어가면서 더 끓인다. 으깬
  단호박과 꿀을 넣고 15분간 걸쭉해질 때까지 끓인다.

⑥ 모양이 있는 얼음 틀이나 사각 반찬 통을 물에 헹군 뒤
  물기가 살짝 남아있는 상태에서 ⑤를 붓고 냉장고에
  넣는다.

⑦ 30분간 굳힌 뒤 틀에서 양갱을 꺼낸다. 사각 틀에 굳힌
  것은 먹기 좋게 잘라 담는다.

재료[2~3인분]

· 단호박 1/2개(400g)
· 우유 1컵
· 물 1컵
· 한천가루 1과 1/4큰술
· 설탕 3큰술
· 소금 1/4작은술
· 꿀 5큰술

* baking tip *

한천가루 구입처
젤리나 양갱을 만들 때는 가루한천을 사용하는데,
이마트를 제외한 대형마트의 베이킹 코너에서
구입할 수 있다. 이지베이킹이나 케익 프라자 등
베이킹 전문 쇼핑몰에서는 100g에 5천 원대, 30g에
3천 원대에 판매된다.

수박 아이스 바

수박을 이용해 갈증을 싹 날릴
시원한 아이스 바를 만들어보세요.
귀여운 모양에 아이들이
무척 좋아한답니다.

1 수박은 껍질과 씨를 제거한 다음
   사방 3~4cm 크기로 썬다.

2 수박, 레몬즙, 꿀을 믹서기에 넣고
   곱게 간 후 해바라기씨 초콜릿을 섞는다.

3 ②를 아이스크림 얼음 틀에 넣어
   냉동실에서 10시간 정도 얼린다.

재료[6X8X2cm 6개분]

· 수박 1/8통(1kg)
· 레몬즙 2큰술
· 꿀 3큰술
· 해바라기씨 초콜릿 2큰술

요구르트 딸기 젤리

칼슘이 풍부한 요구르트와
비타민 C가 가득한 딸기를 넣은
젤리로 하루 전날 만들어 냉장고에
두었다가 꺼내 먹으면 됩니다.

1 판 젤라틴을 찬물에 담가 흐물흐물해질
   때까지 약 5분간 불린다.

2 볼에 요구르트 1/3분량과 설탕을 넣고
   그 보다 큰 냄비에 물(2컵)을 끓여
   끓어오르면 냄비 위에 볼을 올리고
   중탕으로 30초간 저어가며 녹인다.

3 ②의 볼에 불린 젤라틴을 넣고 30초간
   저어가며 완전히 녹인다.
   나머지 요구르트를 붓고 섞은 다음
   불에서 내려 한 김 식힌다.

4 식히는 동안 딸기는 4등분하여
   굳힐 용기에 담고 ③의 요구르트를 부어
   랩을 씌워 냉장고에서 4~5시간 굳힌다.

재료[2인분]

· 마시는 요구르트 400g
  (80ml X 5통)
· 딸기 10개
  (또는 황도 통조림 2쪽)
· 판 젤라틴 8장(16g, 1장당 2g)
· 설탕 4큰술

Simple Recipes with Premix

시판 제품을 활용한 홈메이드 간식

시판용 프리믹스 제품으로 아이에게 호떡과 핫케이크만 만들어주신다고요?
시판용 프리믹스 제품을 200% 활용해 만든 아이 간식 레시피를
소개합니다. 간단한 재료로 폼 나게 만들 수 있어 제과점 부럽지 않은
홈메이드 간식들이 완성된답니다.

몽키 브레드

'몽키 브레드(Monkey bread)'는 작은 빵들을 한 덩어리로 뭉쳐 구운 빵이랍니다.
시판용 호떡 프리믹스에 함께 들어있는 잼믹스를 이용해 다른 재료없이도 아주 손쉬우면서도
색다른 변신이 돋보이는 간식입니다. 큰 쉬폰 틀에 넣고 구워 나눠 먹거나 작은 머핀 틀에
1인분씩 만들어도 좋습니다.

버터 녹이는 방법
①내열 용기에 담아
예열된 오븐에 2~3분간 넣어두기,
②내열 용기에 담아
전자레인지(700W)에서
1~2분 돌리기, ③뜨거운
물에 중탕하기

① 오븐을 170℃(미니 오븐은 160℃)로 예열한다. 버터를 내열용기에 넣고 전자레인지(700W)에서 약 20초간 녹여 액체상태를 만든다. 호떡 잼믹스에 계핏가루를 섞는다.

② 넓은 볼에 호떡 프리믹스와 이스트를 넣고 잘 섞는다. 미지근한 물(140g)을 넣고 주걱으로 잘 섞는다. 가루가 없고 반죽이 질어 주걱에 묻어나는 상태가 되도록 한다.

③ 손에 위생장갑을 끼고 식용유를 발라 반죽을 떼어서 지름 2cm 크기로 동그랗게 빚는다.

반죽이 질어 위생장갑에 달라 붙으니 식용유를 발라 모양을 잡는다.

재료[미니 쉬폰 틀 1개분,
2~3인분]

- 시판용 호떡 프리믹스
  1/2봉(208g)
- 이스트 1/2봉(2g)
- 시판용 호떡 잼믹스
  1/2봉(65g)
- 계핏가루 1/2작은술
  (1g, 생략 가능)
- 미지근한 물 140g
- 버터 25g
- 아몬드 슬라이스 1작은술
  (장식용, 생략 가능)
- 식용유 1/2작은술
- 녹인 버터(틀 코팅용) 1큰술
- 덧밀가루(박력분) 2큰술

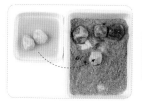

호떡 잼믹스를 넓은 접시에 담고 반죽을 올린 후 접시를 돌리면 더욱 쉽게 묻힐 수 있다.

④ 동그랗게 만든 반죽의 겉면에 녹인 버터, 호떡 잼믹스 순으로 묻힌다.

⑤ 미니 쉬폰 틀(지름 8cm, 또는 머핀 틀, 일회용 틀)에 붓으로 녹인 버터(틀 코팅용, 1큰술)를 바른다. 덧밀가루를 체에 받쳐 흩뿌린 후 여분의 가루를 털어낸다. 틀에 빈틈이 없도록 반죽 덩어리를 틀의 60%까지 꾹 눌러가며 차곡차곡 채우고 아몬드 슬라이스를 뿌린다. 170℃로 예열된 오븐의 가운데 칸에 넣고 25분간(미니 오븐은 160℃에서 25분간) 굽는다.

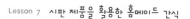

맛밤 도리야끼

껍질을 벗길 필요가 없어 간식으로 많이 사랑받고 있는 시판용 맛밤으로 일본 전통 빵을
만들어보세요. 시판용 핫케이크 가루를 작은 크기로 구워 살짝 으깬 맛밤으로 속을 채운 영양만점
간식이랍니다. 색다른 맛에 아이들이 정말 좋아하고 잘 먹는답니다.

1
맛밤은 잘게 다진다.
냄비에 맛밤과 우유를 넣고
약한 불에서 뭉근하게 끓여
밤을 부드럽게 만든다.
우유가 거의 졸아 물기 없이
자작해지면 불에서 내린다.

2
믹서기에 ①과 꿀을 넣고
곱게 간 뒤 볼에 담아 랩을
씌운 후 식힌다.

3
볼에 핫케이크 가루와 달걀,
물을 넣고 거품기로 잘
섞는다.

4
약한 불로 달군 팬을
식용유를 묻힌 키친타월로
한 번 닦은 뒤 ③의 핫케이크
반죽을 1과 1/2큰술씩 떠서
올린다.

반죽을 둥근 모양으로
얇게 펼 필요없이 반죽을
떠서 올리면 자연스레
얇게 퍼진다.

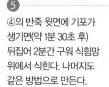
가운데는 좀 두툼하게
맛밤 소를 바르고
가장자리는 얇게
펴 바른다.

재료[지름 8cm, 5개분]

· 시판용 맛밤 1과 1/2팩
  (약 120g)
· 우유 1/2컵
· 꿀 3큰술
· 시판용 핫케이크 가루
  10큰술
· 달걀 2개
· 물 2큰술

5
④의 반죽 윗면에 기포가
생기면(약 1분 30초 후)
뒤집어 2분간 구워 식힘망
위에서 식힌다. 나머지도
같은 방법으로 만든다.

6
한 김 식힌 핫케이크에 ②의
맛밤 소 1과 1/2큰술씩을
넣어 펴 바른 후 구워 놓은
다른 핫케이크를 덮어
완성한다.

무화과 콤포트 팬케이크

쫀득하고 톡톡 터지는 식감이 재미있는 말린 무화과로 만든 콤포트를 곁들여 아이들이 먹기에
적당한 크기의 팬케이크를 만들어보세요. 콤포트는 잼보다 설탕이 적게 들어간 과일 조림으로 열량이
낮은 것이 특징인데요, 여기에 바나나를 함께 올리면 한층 달콤하고 든든합니다.

콤포트(Compote)란?
프랑스에서 유래한 과일에 설
탕을 넣고 조린 디저트. 따뜻하게
또는 차갑게 해서 디저트로 잼처럼
빵이나 크래커, 와플, 팬케이크 등에
곁들여 먹는다. 당도가 높지 않아
오래 두고 먹을 수 없으니
한 번에 먹을 만큼만
만든다.

장식용

1

냄비에 말린 무화과와
물 2컵을 붓고 중간 불에서
끓인다. 끓어오르면
8분간 더 끓인 후 체에
밭쳐 물기를 없애고 한 김
식힌다.

바나나는 미리 썰어두면
갈변 현상이 생기므로
레몬즙을 뿌려두거나
먹기 직전에
써는 것이 좋다.

2

바나나는 0.3cm 폭으로
어슷 썬다. ①의 무화과 중
장식용 4개를 제외하고
굵게 다진다.

3

냄비에 무화과 콤포트
재료를 모두 넣고 잼보다
묽은 상태가 되도록
약한 불에서 7분간 조린다.

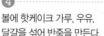

4

볼에 핫케이크 가루, 우유,
달걀을 섞어 반죽을 만든다.

5

약한 불로 달군 팬에 버터
1/2작은술을 넣고 녹인 후
반죽 1/4분량을 올려 지름
12cm의 팬케이크를 굽는다.
반죽 윗면에 골고루 기포가
생기면 뒤집어 1분간 더
굽는다. 같은 방법으로 3장을
더 굽는다.

재료 [2인분]

· 시판용 핫케이크 가루
  약 1컵(130g)
· 우유(또는 물) 70㎖
· 달걀 1개
· 바나나 1/2개
· 버터 1/2작은술

무화과 콤포트
· 말린 무화과 15개
  (콤포트용 11개 + 장식용 4개)
· 설탕 4큰술
· 계핏가루 1/3작은술
· 물 1/2컵(100㎖)

6

팬케이크 사이에
③의 무화과 콤포트와
바나나를 얹는다. 마지막에
장식용 무화과를 올려
완성한다.

베이컨 그리시니

'그리시니(Grissini)'는 이탈리아인들이 즐겨먹는 식전빵으로 겉은 딱딱하고 속은 바삭한 것이
특징입니다. 시판용 호떡 프리믹스로 만든 그리시니에 베이컨을 넣어 아이들이 먹기 좋도록
부드럽게 개발했습니다. 베이컨을 더 많이 다져 넣으면 짭조름한 풍미가 살아납니다.

192 | 193

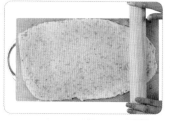

1
오븐을 180℃(미니 오븐 170℃)로 예열한다. 베이컨은 체에 밭쳐 뜨거운 물을 부어 기름기를 제거한다. 키친타월로 물기를 제거한 후 0.5cm 폭으로 채 썬다.

2
넓은 볼에 호떡 프리믹스, 이스트, 베이컨, 다진 파슬리, 파마산 치즈가루를 넣고 미지근한 물(100g)을 부어 손으로 반죽이 한 덩어리가 될 때까지 섞는다.

3
도마 위에 덧밀가루를 뿌리고 ②의 반죽을 올려 밀대를 이용해 0.5cm 두께로 민다.

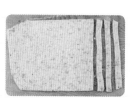

4
반죽의 사방 끝은 썰어 내고 1.5 X 15cm 크기로 썬다.

5
길게 썬 반죽의 양쪽 끝을 반대로 밀어 꽈배기 모양을 만든다.

일반막대 모양을 원한다면 꽈배기 모양을 만드는 과정은 생략해도 좋다.

재료 [25~30개분]

· 시판용 호떡 프리믹스 1/2봉(208g)
· 이스트 1/2봉(2g)
· 베이컨 6장(75g)
· 다진 파슬리 1작은술 (생략 가능)
· 파마산 치즈가루 1큰술
· 미지근한 물 1/2컵(100g)
· 덧밀가루(박력분) 1큰술

6
오븐 팬에 종이 포일을 깔고 ⑤를 일정한 간격으로 올린다. 180℃(미니 오븐은 170℃)로 예열된 오븐의 가운데 칸에 넣고 10분간(미니 오븐도 동일) 굽는다.

귤 아이싱 매듭빵

시판용 호떡 프리믹스 반죽에 살짝 데친 귤 껍질을 다져 넣어 색다른 빵을 만들어보세요.
귤 껍질은 비타민 C가 풍부해 감기예방에 좋은 한약재로도 쓰인답니다. 길게 민 반죽으로 매듭을
만들어 구운 빵에 귤 아이싱을 곁들여 모양도 귀엽고 맛도 새콤달콤합니다.

아이싱(Icing)이란?
케이크나 쿠키와 같은 과자류에 마무리 재료를 바르는 것 또는 마무리 재료를 뜻한다. 장식적인 목적 외에 과자가 마르지 않게 하기 위하여 쓰인다.

 1
오븐을 170℃(미니 오븐
160℃)로 예열한다.
귤 껍질은 끓는 소금물
(물 2컵 + 소금 1작은술)에
넣어 30초간 데친다. 속의
하얀 부분을 칼로 잘라내거나
숟가락으로 긁어낸 후
0.3cm 폭으로 채 썬다.

 2
넓은 볼에 호떡 프리믹스,
이스트, 귤 껍질, 달걀,
미지근한 물(35g)을 넣고
손으로 반죽이
한 덩어리가 될 때까지
섞는다.

 3
도마 위에 덧밀가루를 뿌린
후 반죽을 올린다. 밀대를
이용해 0.5cm 두께로
넓게 민 후 반죽의 사방
끝은 썰어 내고 1.5 X 15cm
크기로 썬다.

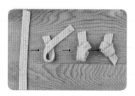
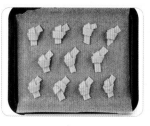

 4
사진과 같이 반죽을 꼬아
매듭 모양을 만든다.

5
오븐 팬에 종이 포일을 깔고
④를 올린 후 170℃(미니
오븐은 160℃)로 예열된
오븐의 가운데 칸에 넣고
18분간 굽는다.

재료 [20~24개분]

· 시판용 호떡 프리믹스
  1/2봉(208g)
· 이스트 1/2봉(2g)
· 귤 껍질(중간 크기)
  1/3분량(5g)
· 달걀 1개(55g)
· 미지근한 물 약 3과
  1/2큰술(35g)
· 덧밀가루(박력분) 1큰술

귤 아이싱
· 귤 껍질(중간 크기)
  1/3분량(5g)
· 슈가파우더 6큰술
· 귤즙 1큰술

6
귤 아이싱 재료를 골고루 섞어
구운 빵 위에 귤 아이싱을 발라
식힌다.

호두과자

고속도로 휴게소의 인기 메뉴에서 이제는 곳곳에서 체인점을 만나볼 수 있을 정도로 인기 간식이 된
호두과자. 시판용 양갱과 미니 머핀 틀을 활용해 집에서 만들 수 있는 레시피를 개발했습니다.
번거롭게 팥 소를 만들 필요가 없어 더욱 편리한데요. 머핀 틀이 없다면 은박컵을 이용해도 좋습니다.

1
오븐을 165℃(미니 오븐은 160℃)로 예열한다. 작은 그릇에 버터를 담고 뜨거운 물에서 중탕하거나 또는 전자레인지(700W)에서 20초간 돌려 액체상태로 녹인다.

2
볼에 달걀을 넣고 거품기를 이용해 푼 다음 설탕과 생크림을 넣어 설탕이 녹을 때까지 거품기로 휘젓는다.

3
②의 볼에 중력분, 소금, 베이킹파우더를 체에 쳐서 넣고 거품기로 몽우리가 생기지 않도록 휘젓는다.

4
③의 볼에 ①의 녹인 버터를 넣고 골고루 섞은 후 랩을 씌워 냉장고에서 10분간 휴지시킨다.

5
기름을 두르지 않은 달군 팬에 호두를 넣어 중약 불에서 1분 30초간 볶는다. 호두의 2/3분량은 사방 0.5cm 크기로 다진다.

버터를 녹인 그릇에 묻어 있는 버터는 두었다가 ⑧번 과정에 쓴다.

재료[12개분]

· 호두 1/3컵(40g)
· 시판용 양갱 1과 1/2개(80g)
· 버터 2큰술(20g)
· 달걀 1개(60g)
· 설탕 3과 1/2큰술(35g)
· 생크림 7큰술
· 중력분 1컵(100g)
· 소금 1/2작은술
· 베이킹파우더 3g

6
양갱은 포장지 위쪽만 뜯어 치약 짜듯 꾹꾹 주무르면서 눌러 짠다. 전자레인지(700W)에 살짝 돌려 익힌 후 숟가락으로 으깨면 잘 으깨진다.

⑦ ⑥의 볼에 ⑤의 다진 호두
(다지지 않은 호두 제외)를
넣은 다음 12등분 한다.

⑧ 버터를 녹인 그릇에 묻어 있는
④의 버터를 붓이나
손가락을 이용해 머핀 틀
안쪽에 바른다.

반죽이 묽어서 구멍이
클 경우 한꺼번에
많이 나올 수
있으므로 주의한다.

⑨ 다지지 않은 호두는 반으로
쪼갠 다음 머핀 틀 한 칸에
한 개씩 담는다. ④의 반죽을
짤주머니(또는 지퍼팩)에
넣은 후 가위를 이용해
끝부분을 지름 0.5cm 크기로
자른다.

⑩ 머핀 틀의 1/3 정도
채워지도록 반죽을 짠 후
⑦의 속 재료를 틀마다
한 개씩 넣고 남은 반죽을
틀의 끝까지 평평하게
채운다. 머핀 틀은 165℃로
예열된 오븐의 가운데
칸에 넣고 20분간(미니
오븐은 160℃에서
18~20분간)굽는다.

반죽의 농도가 묽어
구울 때 속의 내용물이
밖으로 조금
흘러나올 수 있으나
잠시 두면 굳는다.

☆ 호두과자는 뜨거울 때
먹는 것이 더 맛있지만
속의 앙금이 뜨겁기 때문에
입을 델 수 있으므로
한김 식힌 후 먹는다.

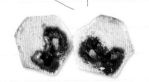

모양만으로도 아이들 마음 사로잡는

뷔슈 드 노엘

'크리스마스의 통나무'라는 뜻의 뷔슈 드 노엘(Busch de Noel)은 크리스마스 이브에 벽난로에서 타오르는 장작을 본따 만든 재미난 모양으로 유명하죠. 크리스마스에 빠지지 않고 등장하는 프랑스의 대표적인 케이크로 아이와 함께 직접 뷔슈 드 노엘을 만든다면 아이에게 잊지 못할 추억이 될 거예요.

1
종이 포일을 오븐 팬 (30×20cm)보다 사방 5cm 정도 더 큰 사이즈로 잘라 오븐 팬에 깐다. 오븐을 170~175℃(미니 오븐은 170℃)로 예열한다. 버터는 전자레인지(700W)에 20초 정도 돌려 녹인다.

2
스폰지 케이크 믹스와 코코아가루를 함께 체에 내린다. 한 번 더 체에 내려 곱게 만든다.

3
달걀을 깨서 볼에 넣은 다음 2배로 부풀 때까지 핸드믹서로 거품을 낸다.

4
③의 달걀물에 ②의 체 친 가루 재료들을 조금씩 넣어가며 거품이 꺼지지 않도록 주걱으로 조심스럽게 잘 섞는다. ①의 녹인 버터를 넣고 다시 한 번 골고루 섞는다.

재료[1개분]

스폰지 케이크
· 시판용 스폰지 케이크 믹스 100g
· 코코아가루 20g
· 달걀 4개
· 버터 50g

딸기 쵸콜릿
· 딸기잼 100g
· 제과용 다크 커버춰 초콜릿 100g

쵸콜릿 크림
· 제과용 다크 커버춰 초콜릿 200g
· 생크림 200g

5
오븐 팬에 잘라 놓은 종이 포일을 끼우고 ④의 반죽을 붓는다. 주걱으로 윗면을 평평하게 편 다음 170~175℃로 예열된 오븐의 가운데 칸에 넣고 12~15분간(미니 오븐은 170℃에서 12~15분간) 굽는다.

6
구운 스폰지 케이크가 마르지 않게 젖은 면보로 오븐 팬 윗면을 덮는다.

[딸기 초콜릿 만들기]

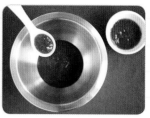

조금 떠 보았을 때
묽은 정도로 뚝뚝
떨어지면 완성.

⑦
볼에 딸기잼을 넣고
거품기로 힘차게 저어
부드러운 상태를 만든다.

⑧
다크 커버춰
초콜릿(100g)은 잘게 썰어
스테인리스 볼에 넣는다.
그보다 작은 냄비에
물(2컵)을 넣고 센 불로
끓인다. 끓어오르면 약한
불로 줄인 다음 스테인리스
볼을 냄비 위에 얹어
초콜릿을 중탕으로 녹인다.

⑨
딸기잼에 ⑧의 녹인
초콜릿을 넣고 거품기로
조심스럽게 저으면서
골고루 섞는다.

[초콜릿 크림 만들기]

⑩
다크 커버춰 초콜릿(200g)은
잘게 썰어 스테인리스 볼에
넣는다. 그보다 작은 냄비에
물(2컵)을 넣고 센 불로
끓이다가 끓어오르면 약한
불로 줄인다. 볼을 냄비 위에
얹어 초콜릿을 중탕으로
녹인 후 살짝 식힌다.

⑪
다른 볼에 생크림을 넣고
핸드믹서로 거품을 충분히
올린다.

⑫
⑩의 녹인 초콜릿에 ⑪의
생크림을 3번에 나누어
넣으면서 잘 섞는다. 이때
초콜릿의 온도는 체온보다
조금 높은 40~50℃가
적당하다.

거품이 꺼지지 않게
주걱으로 조심스럽게
섞는 것이 포인트.

[뷔슈 드 노엘 만들기]

13
스펀지 케이크를 오븐 팬에서 꺼내 종이 포일을 제거한다. 도마 위에 새 종이 포일을 깐 다음 스펀지 케이크를 올린다. ⑨의 딸기 초콜릿을 얇게 펴 바른다.

14
스펀지 케이크를 김밥 말듯이 꾹꾹 눌러가며 돌돌 만 다음 도마에 깔았던 종이 포일로 한 번, 위생팩(또는 랩)에 한 번 싸서 냉장고에 15분간 보관한다.

15
초콜릿 크림을 거품기로 다시 한 번 부드럽게 섞은 다음 스펀지 케이크 위에 펴 바른다. 케이크의 3/4 정도를 잘라 윗부분에 얹는다.

* Decoration point *

1
짤주머니와 깍지 이용하기
짤주머니에 초콜릿 크림을 넣고 나무결 모양으로 짠다. 깍지는 긴 홈니 모양의 깍지를 이용하면 된다. 이음새 부분을 촘촘하게 짜야 정교한 나무결 모양이 살아난다.

2
포크 & 이쑤시개 이용하기
스펀지 케이크 겉면에 초콜릿 크림을 넉넉하게 바른 다음 포크나 이쑤시개 등으로 긁는다. 초콜릿 크림이 금방 굳으므로 재빨리 긁는다.

3
시판용 장식 재료
모양이 어설퍼도 시판용 장식 재료만 있다면 걱정 끝. 브레드 가든 (www.breadgarden.co.kr) 에서 1천 원대에 판매된다.

4
다양한 모양의 쿠키 커터
초콜릿 판마 크리스마스 모양의 쿠키커터는 브레드 가든 (www.breadgarden.co.kr) 에서 구입 가능. 2~5천 원대에 판매된다.

베이킹 선물 포장의 노하우!

종이를 이용한 실용적인 쿠키 포장법

종이 하나만으로도 간결하면서 감각적인
포장이 가능합니다. 스티커나 스탬프로
감사의 문구를 담고, 리본 테이프로 포인
트를 주면 손쉽게 나만의 포장이 되지요.

밀폐 용기를 뒤집어 만든 컵케이크 포장법

특별한 포장 용품이 없어도 집에 있는
동그란 모양의 밀폐 용기를 이용하면
위쪽이 눌리거나 모양이 흐트러지지 않아
컵케이크를 예쁘게 포장할 수 있답니다.
용기를 거꾸로 뒤집어 활용하고 리본을
함께 묶어 완성하면 운반도 쉽고 보기도
좋은 컵케이크 포장을 할 수 있어요.

1. 원하는 색상의 종이로 A4 용지 반 만한 사이즈를 준비한다.
2. 한쪽 면에 1cm 여유를 두고 반으로 접는다.
3. 길이가 긴 면의 양쪽을 0.5cm 폭으로 길게 자른다.
4. 길이가 짧은 면의 양쪽을 0.5cm 폭을 남겨두고 안으로
   접은 다음 풀로 붙인다.
5. 아일렛 펀치로 구멍을 뚫은 뒤 리본을 끼워 선물을 묶어준다.
6. 리본 위에 원하는 문구의 스티커를 붙인다.

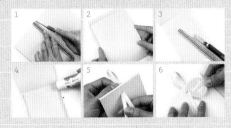

톡톡 튀는 머핀 포장법

구하기 쉬운 소품들로 정성과 마음을 돋보이게 할, 간단하지만 톡톡 튀는
머핀 포장법 3가지를 소개할게요.

1. 도일리와 종이 봉투를 이용한 내추럴(Natural) 포장

도일리와 종이 봉투로 완성한 이 포장법은 아기자기함과
내추럴한 분위기가 오묘하게 잘 어울려요.

1 종이 도일리에 머핀을 받쳐 접착용 포장 비닐에 넣고
  봉한 후 데코 테이프를 가운데 두른다.

2 머핀의 높이보다 2cm 정도 여유 있게 종이 봉투의 길이를
  자른다.

3 종이 봉투에 머핀을 넣고 봉투 입구를 오므린 후
  도일리를 덧댄다. 끈을 친친 두른 후 리본을 묶는다.

2. 네임 태그와 종이 포일을 이용한 칙(Chic) 포장

네임 태그(Name tag)에 안부를 짤막하게 적어 활용해보세요.
포장지 대신 종이 포일(또는 유산지)로 포장하면 센스가 돋보이는 포장법이 됩니다.

1 네임 태그에 메시지를 적어 상자에 넣는다.

2 머핀을 담은 머핀 컵(또는 유산지 컵)을 상자에
  넣는다.

3 종이 포일(또는 유산지)로 상자를 포장한 다음
  색깔 끈으로 둘러 묶은 후 데코 테이프로 끈을
  고정시킨다.

3. 종이컵을 이용한 큐트(Cute) 포장

머핀을 머핀 컵(또는 유산지 컵)에 담고 경쾌한
패턴의 종이컵에 넣어 포장용 비닐로 포장한
깜찍한 포장이에요. 커피 캐리어에 음료와 이 머핀
포장을 함께 담아 선물해도 좋아요.

1 색깔 끈으로 둥근 고리가 있는 리본을 만든다.

2 종이 머핀 컵에 머핀을 담고 컵에 넣는다.

3 종이컵을 포장용 비닐에 넣은 후 위쪽을 두 번 접어 스테이플러로 고정시킨다.
  ①의 리본 매듭에 양면 테이프를 붙이고 포장용 비닐에 붙여 장식한다.

잇맛한 포장을 살려주는 | 패브릭 꽃 |

1. 가로 12cm, 세로 15cm 크기의 천 세 장을 준비한다.
2. 세 장의 천을 겹친 다음 가로 면은 그대로 두고 세로 방향, 1.5cm 폭으로 부채 접듯이 몇 겹 접는다. 가운데 부분을 끈이나 고무줄로 묶는다.
3. 가운데 부분을 끈이나 고무줄로 묶는다.
4. 가위를 이용해 양쪽 끝을 파도 모양으로 3cm 정도 자른다.
5. 양쪽을 번갈아 한 장씩 펼친다.

* tip *

포장재료 구입처
베이킹스쿨(www.bakingschool.co.kr)
포장119(www.package119.com)
새로포장(www.saeropack.co.kr)
푸드넷(www.ifoodnet.co.kr)
와우윌리스(www.wowweles.co.kr) 등

리본 구입처
조은에스씨(www.goodmungu.co.kr)
엔소엔(www.ensoen.com)
동대문 종합상가1층, 방산시장 등

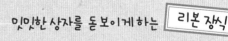

잇맛한 상자를 돋보이게 하는 | 리본 장식 |

1. 다리를 남기고 리본 흐름대로 돌려 사진처럼 링을 만든다.
2. 링의 가운데를 눌러 2겹을 모은다.
3. 왼쪽 리본으로 세 번째 보우를 만든다.
4. ③의 리본으로 네 번째 보우를 만들며 다리를 아래로 내린다.
5. 보우의 가운데를 와이어로 묶는다.

보우(Bow)는 천이나 리본, 레이스, 테이프 등으로 맨 나비 매듭 장식을 말한다.

Index ✦ 🎄

참 쉬운 우리아이 간식 베이킹

1판 1쇄 펴낸 날   2011년 12월 22일

편집장   박성주
책임 편집   김혜선
감수 & 레시피 검증   구선아, 천지연(a la maison)
독자 교정   김은혜(유찬홀릭)
사진   선우형준, 문성진, 박영하, 송미성, 현세용
디자인   원유경

펴낸이   조준일
펴낸곳   ㈜레시피팩토리
주소   서울시 광진구 자양3동 227-7 더샵스타시티 B-1401, 1205
대표 전화   02-534-7011~4
팩스   02-534-7019
홈페이지   www.super-recipe.co.kr
출판신고   2008년 12월 30일 제25100-2009-000038호

제작·인쇄   ㈜대한프린테크

값 11,800원

ISBN 978-89-963472-4-8

김남주의 큐원 홈메이드

이제 전자레인지에 3분 30초면
정통 브라우니 완성!

큐원 홈메이드
브라우니 믹스 탄생

카페에서나 맛보던 브라우니, 이젠 집에서 쉽게 만드세요
전자레인지에 3분 30초면 완성되는 진하고 촉촉한 브라우니!
엄마 손으로 직접 만드는 사랑을 아이들에게 전하세요